Fit für die 2. Klasse

Ravensburger Buchverlag

Zu diesem Heft

- Im Heft findest du Regeln und Tipps, die dir beim Lösen der Aufgaben helfen.

- Aufgepasst:
  Die Aufgaben mit einer  sind etwas schwieriger.

- Lege die  auf die roten Lösungsfelder, dann werden die richtigen Ergebnisse sichtbar.

- Lege ein leeres Heft bereit, in dem du die Aufgaben bearbeiten kannst.

- Mache regelmäßig Lernpausen: Öffne das Fenster und bewege dich in dieser Zeit. Danach kannst du dich besser konzentrieren.

Deutsch:

Namenwort	– Hauptwort, Nomen, Substantiv
Tunwort	– Zeitwort, Tätigkeitswort, Verb
Wiewort	– Eigenschaftswort, Adjektiv
Begleiter	– Geschlechtswort, Artikel
Selbstlaut	– Vokal
Mitlaut	– Konsonant

Mathematik:

addieren	– zusammenzählen
subtrahieren	– abziehen
multiplizieren	– malnehmen
dividieren	– teilen

Rechtschreiben

Namenwörter

1 Julia und ihre Mutter wollen Kuchen backen.
Welche Zutaten müssen sie einkaufen?
Setze die Silben zusammen und schreibe
die Wörter mit Begleiter auf.

Regel Namenwörter bezeichnen Dinge, Lebewesen oder Namen. Namenwörter werden großgeschrieben. Oft steht ein Begleiter (*der, die* oder *das*) dabei.

2 Welche Dinge gehören in die Küche?

Topf, Rad, Ball, Löffel, Glas, Fahrrad, Auto,
Puppe, Tasse, Flöte, Kanne, Bett, Kissen,
Gabel, Säge, Zange, Pferd, Teller, Messer

3 Findest du die Dinge, die Julia und ihre Mutter zum Backen brauchen? Ergänze die Wörter.

der

___ ___ ck ___ r

___ ss ___ ___ ff ___ l

die

___ c ___ ___ ss ___ l

___ aa ___ ___

das

___ ___ ck ___ u ___ h

___ ___ ss ___ ___

4 Aus Teigresten formt Julia eine Schlange. Kreise alle Namenwörter darin ein.

5 Bilde mit den Wörtern aus Aufgabe 4 zusammengesetzte Namenwörter und schreibe sie auf.

Teig + Schüssel = Teigschüssel, ___________

____

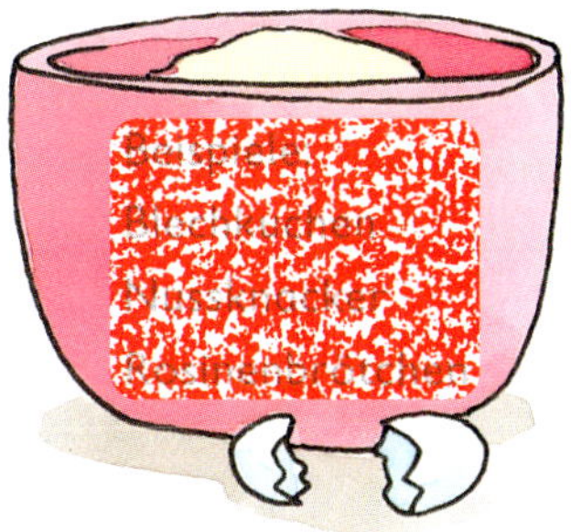

Tunwörter

1 Fahre die Wollfäden mit einem Stift nach, dann weißt du, was Annikas Katze Minka am liebsten tut. Schreibe die Tunwörter auf.

Regel Tunwörter sagen aus, was jemand tut.
Sie werden kleingeschrieben.
Tunwörter haben eine Grundform.
Beispiel: er sagt → Grundform: sagen

2 Male alle Felder mit einem Tunwort bunt an.

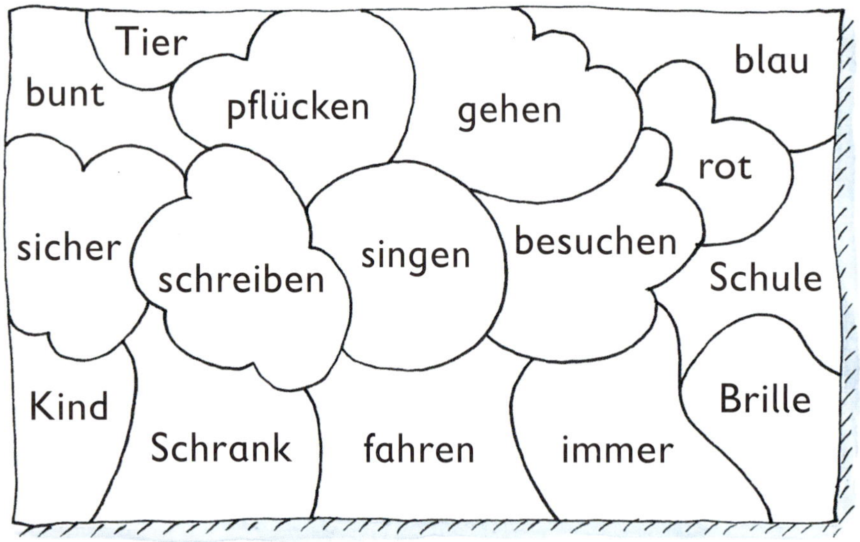

3 Und was tut Annika nachmittags?
Setze die Tunwörter aus Aufgabe 2 in der richtigen Form in die Lücken ein.

Sie ______________________ einen Brief. 

Manchmal ______________________ sie Blumen. 

Oft ______________________ sie ins Schwimmbad. 

Sie ______________________ gerne Lieder. 

Sie ______________________ ihren Opa. 

Sie ______________________ mit dem Fahrrad. 

4 Minka hat Annikas Bücher ganz schön durcheinandergebracht. Kannst du die Tunwörter mit der passenden Grundform verbinden?

1 du spielst	a lachen
2 ich arbeite	b spielen
3 sie lachen	c arbeiten

5 Wo hält sich Annikas Katze vor Konfetti versteckt?
Schreibe die Tunwörter in der passenden Form auf:
tauchen, galoppieren, fliegen, schwimmen.

Das Pferd _ _ _ _ _ _ _ _ _ _ . (2)

Der Vogel _ _ _ _ _ _ in die Ferne. (3)

Der Fisch _ _ _ _ _ _ in die Tiefe. (4)

Die Ente _ _ _ _ _ _ _ _ auf dem Wasser. (1)

Wiewörter

1 a) Lies den Text. Trage auf dem Hasenstall die fehlenden Buchstaben der Wiewörter ein. Findest du das passende Tier dazu? Verbinde.

Tim besucht oft seinen Nachbarn.
Er hat viele Tiere: kleine Kaninchen,
zwei junge Katzen, ein braunes Pony
und einen frechen Papagei.

b) Suche zu den Wörtern die Gegensätze und finde passende Adjektive. Schreibst du sie klein oder groß?

schnell – ___________ schwach – ___________ laut – ___________

Regel Wiewörter sagen dir, wie etwas ist.
Sie werden kleingeschrieben.
Beispiel: ein großer Tisch.

2 Wie sehen die Kaninchen aus?
Streiche die Wiewörter durch, die nicht passen.

3 Lies den Text und streiche das Wiewort durch, das nicht zu den Tieren passt.

Der  ist [stachelig / laut] und hält Winterschlaf.

Der [weiße / große]  hat zwei lange Stoßzähne.

Der  hat eine lange Mähne und ist [fröhlich / gefährlich].

4 Setze für die Bilder Wörter ein und schreibe die Wiewörter auf die Linien.

w 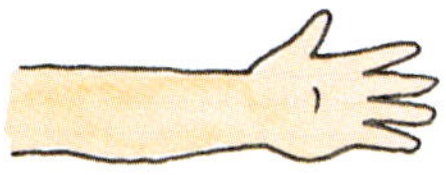

 lich

be  sam

kl  n

 ig

 lich

warm, ______________________________

____

Groß- und Kleinschreibung

1 Olli ist neu in der Klasse. Willst du mehr über ihn wissen? Dann trage die fehlenden Wörter in den Steckbrief ein. Die Wörter helfen dir.

Ich habe braune ______________.

Meine ______________ sind blau.

Auf der ______________ habe ich viele Sommersprossen.

Ich habe einen kleinen ______________.

Am liebsten spiele ich ______________.

Später will ich ______________ werden.

Regel Satzanfänge und Namenwörter werden immer großgeschrieben.

2 Was wollen die Kinder von Olli wissen? Trage die richtigen Fragewörter ein.

______________ wohnst du?

______________ hast du Geburtstag?

______________ sieht dein Zimmer aus?

______________ ist dein Lieblingsfach?

3 Da ist wohl etwas durcheinandergeraten.
Kannst du Ollis Antworten trotzdem verstehen?
Schreibe die Wörter richtig auf.

Mein Geburtstag ist im **ILUJ**.
Ich wohne in **NLÖK**.
Mein Lieblingsfach ist **TROPS**.
In meinem Zimmer steht ein **TTEBKCOTS**.

4 Kannst du die Sätze auf der Tafel lesen?
Ein bestimmter Buchstabe fehlt. Trage ihn ein.
Achte auf die Groß- und Kleinschreibung.

5 Ergänze die fehlenden Punkte. Setze dann die Anfangsbuchstaben aller Wörter am Satzanfang zusammen. Weißt du, welche Tiere Olli mag?

Heute freut sich Olli um drei Uhr holt er seinen neuen Freund Stefan vom Bus ab nach dem Essen spielen sie Ball dann muss Stefan wieder heim es war ein schöner Nachmittag

Olli mag H _ _ _ _ .

Einzahl / Mehrzahl

1 Hilfst du Karlo, seinen Schreibtisch aufzuräumen? Zähle die Dinge und schreibe die Wörter mit ihrem Begleiter in die passende Spalte.

Regel In der Einzahl stehen bei Namenwörtern die Begleiter *der, die* oder *das*. In der Mehrzahl heißt der Begleiter *die*. Die Mehrzahl wird oft mit einem Umlaut gebildet, z. B. Fuß – Füße.

2 Welche Dinge siehst du in Karlos Zimmer? Verbinde die Bilder mit den passenden Wörtern. Schreibe die Wörter in der Mehrzahl und mit dem richtigen Begleiter auf.

die Uhr – ______________

das Buch – ______________

der Stift – ______________

das Regal – ______________

der Block – ______________

der Kalender – ______________

3 Welche Wörter stehen in der Mehrzahl?
Male diese Hefte bunt an.

Häuser | Maus | Hund

Vögel | Blumen | Bälle

4 Auf Karlos Block fehlen die Endungen der Mehrzahlwörter. Hilfst du ihm, sie einzutragen?

Heft e	Radiergummi ___	[redacted]
Tisch ___	Bild ___	
Zahl ___	Lied ___	
Spiel ___	Auto ___	

5 Konfetti hat Karlos Tier-Puzzle durcheinandergebracht. Welche Puzzleteile passen zusammen? Verbinde sie und ergänze die fehlenden Buchstaben.

K _ H | G _ NS | V _ GEL

V _ GEL | K _ H _ | G _ NS _

Wörter mit a/ä und au/äu

1 Was fotografiert Paul? Das Wortbild verrät es dir. Schreibe die drei Wörter in der Mehrzahl auf. Fällt dir etwas auf?

Baum
Baum Baum Baum
Blatt Baum Baum Baum Blatt
Blatt Blatt Blatt Blatt Blatt
Blatt Blatt Blatt
Stamm
Stamm
Stamm
Stamm

Tipp Das a wird bei Namenwörtern in der Mehrzahl häufig zu ä, das au wird oft zu äu.

2 Welche Blätter gehören zusammen? Verbinde sie.

Hän · Rän · Käm · Län · Bä · Schwä

der · de · der · me · ne · der

die Hände,

3 a) Welches Reimwort gehört zu welchem Baum?
Trage die fehlenden Buchstaben ein.
Verbinde die Wörter mit dem richtigen Baum.

Tr äu me   L ___ s

Br ___ t   Kr ___ t   R ___ me   H ___ s

b) Denke dir mit zwei der Reimwörter einen lustigen Satz aus.

---

4 Kannst du das Rätsel lösen?

Damit kannst du deine Haare glätten:

☐☐☐☐

In den Ferien reisen viele Leute in andere

☐☐☐☐☐☐.

Damit kannst du die Tafel putzen:

☐☐☐☐☐☐☐

Ein Auto hat vier davon:

☐☐☐☐☐

Doppelte Mitlaute

1 Welche Dinge sind in Monas Zimmer verstreut?
Trage die Reimwörter ein, dann weißt du es.

Mappe 

P ______________

Kamm 

Sch ______________

2 Lies die Reimwörter laut. Wie sprichst du den Buchstaben vor dem doppelten Mitlaut?

Regel Vor einem doppelten Mitlaut steht immer ein kurz gesprochener Selbstlaut, z.B. Tasse. Die Buchstaben *a, e, i, o, u* nennt man Selbstlaute, die anderen Buchstaben Mitlaute.

3 Mona will ihren Schrank aufräumen. Hilfst du ihr dabei? Setze die Silben zusammen und trage die Wörter in die richtigen Kisten ein.

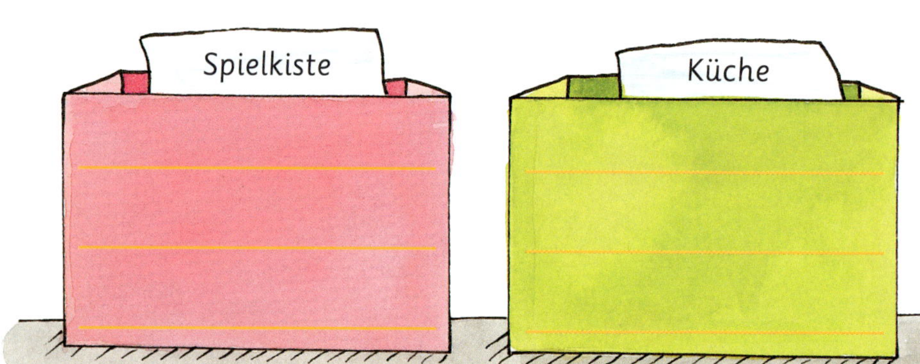

4 Trage die fehlenden Buchstaben in die Tunwörter ein. Verbinde jedes Kuscheltier von Mona mit dem richtigen Tunwort.

su ___ ___ en

kle ___ ___ ern

schnu ___ ___ en

bru ___ ___ en

5 Auf Monas Stoffschlange stehen viele Wörter mit doppelten Mitlauten. Kreise sie ein. Die Buchstaben, die übrig bleiben, verraten dir Monas Lieblingsspiel.

6 Male die Felder in der richtigen Farbe aus.
Rot: Tunwörter mit doppeltem Mitlaut
Blau: Namenwörter mit doppeltem Mitlaut

Papier	Zimmer	wissen	malen
Wanne	Spinne	rennen	stellen
gehen	Roller	essen	Bad

Wörter mit ST/SP

1 Findest du im Text alle Wörter mit *St/st* oder *Sp/sp*? Unterstreiche sie und lies die Wörter laut. Welchen Laut hörst du am Anfang?

Stefan und seine Freunde haben
im Schwimmbad viel Spaß.
Sie springen vom Sprungbrett
und spritzen sich gegenseitig nass.

Regel Wenn du nach dem Laut *Sch/sch p* oder *t* hörst, dann schreibe: Sp/sp oder St/st, z. B. Spiel, stehen.

2 Auf Karlos Handtuch stehen viele Wörter mit *Sp/St*. Findest du sie? Kreise die Wörter ein.

3 Die Kinder haben zwei große Badeschlangen dabei.
Darauf haben sich Wörter mit *sp* und *st* versteckt.
Welche? Schreibe die Wörter auf.

4 Setze die Buchstaben richtig zusammen
und schreibe die Wörter auf.

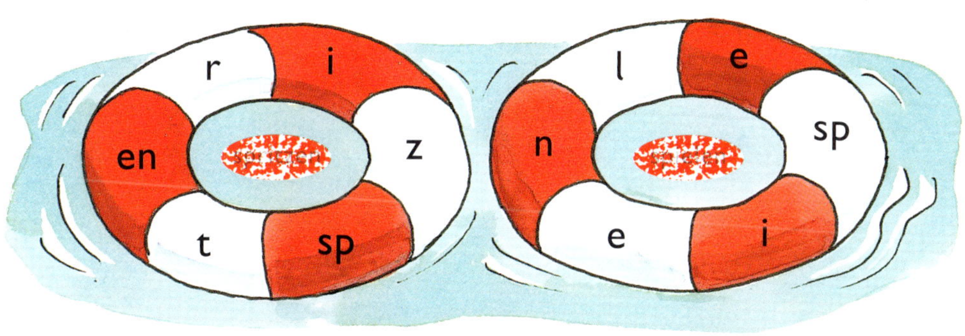

5 Hier werden Tunwörter mit *st* gesucht.
Du kannst dir auch lustige Sätze ausdenken.

Der Stern ______________.

Der Stiefel ______________.

Der Stein ______________.

Wörter mit ie

1 Lies den Text laut.
Wie sprichst du das *i* in den Wörtern?

Laura spielt mit ihrer Schwester auf dem Spielplatz. Dort stehen vier verschiedene Spielgeräte. Am liebsten bauen die beiden riesige Sandburgen.

Tipp In vielen Wörtern sprichst du das *i* lang.
Meistens schreibst du dann ie, z. B. Wiese.

2 Kannst du jetzt diese Fragen beantworten?
Schreibe die Lösungen auf.
Unterstreiche das *ie* in allen Wörtern.

Was tun die Kinder auf dem Spielplatz?

____

Wie viele Spielgeräte stehen dort?

____

Wie sieht die Sandburg aus?

____

3 Suche alle Wörter mit *ie* und male diese Felder an.

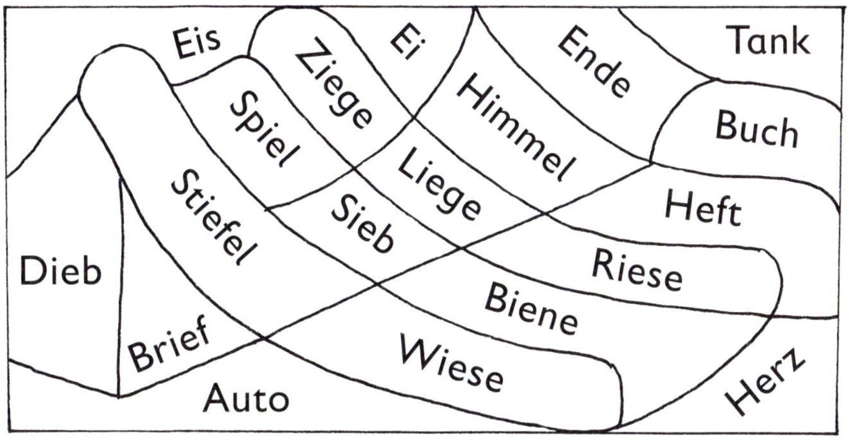

4 Die Kinder haben Wörter in den Sand geschrieben. Setze die Silben richtig zusammen. Welcher lustige Satz ergibt sich?

1 Liebe

2 ________

3 ________

4 ________

5 ________

Lösung: Liebe

5 Suche auf der Doppelseite Wörter mit *ie*. Unterstreiche sie und lass sie dir auf deinen Rücken schreiben. Kannst du alle erraten?

Wörter mit g/k

1 Welche Verkleidungen tragen die Kinder beim Schulfest? Trage die fehlenden Buchstaben ein.

Ti____er

Zwer____

Vo____el

Köni____

Tipp Du hörst, ob ein Wort mit *g* oder *k* endet, wenn du es verlängerst.
Bilde bei Namenwörtern die Mehrzahl:
der Weg – die Wege.
Setze Wiewörter vor ein Namenwort:
lustig – ein lustiges Buch.

2 Ergänze die fehlenden Buchstaben.
Verbinde dann die Wörter in der richtigen alphabetischen Reihenfolge. Was siehst du?

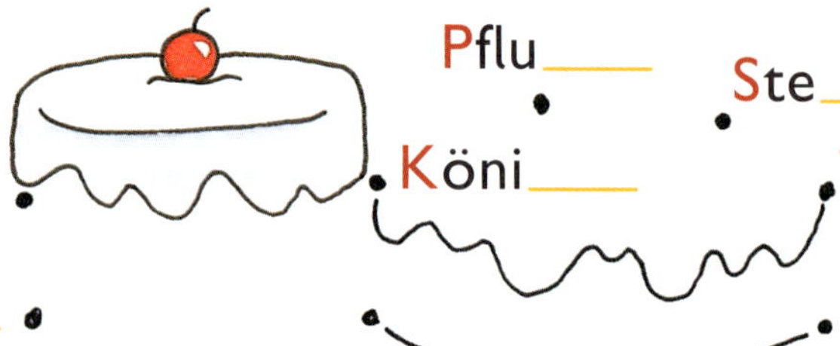

Pflu____ Ste____

Ban____ Köni____ Ta____

Dan____ Zwer____

Flu____ Honi____

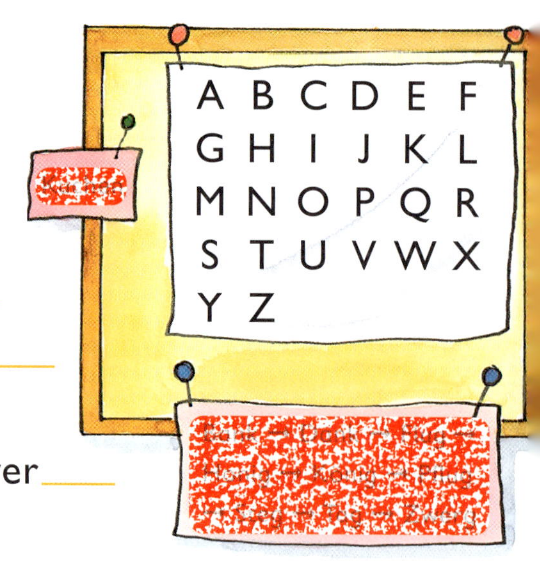

3 Auf dem Schulfest gibt es sogar eine Geisterbahn. Kannst du die fehlenden Buchstaben auf dem Plakat ergänzen? Schreibe die vollständigen Wörter auf.

_efallen euch _ruseli_e
_eisterbahnen? Viele _efährliche
_espenster warten hier auf euch.
Ein _i_antisches _ruselabenteuer!
_leich _eht's los!

4 a) Der Schulhof ist mit bunten Luftballons geschmückt. Setze die Wörter darauf zusammen.

b) Willst du wissen, welcher Luftballon Konfetti besonders gefällt? Dann suche den Ballon mit dem längsten Wort.
Er hat die Farbe ______________ .

Doppelte Selbstlaute

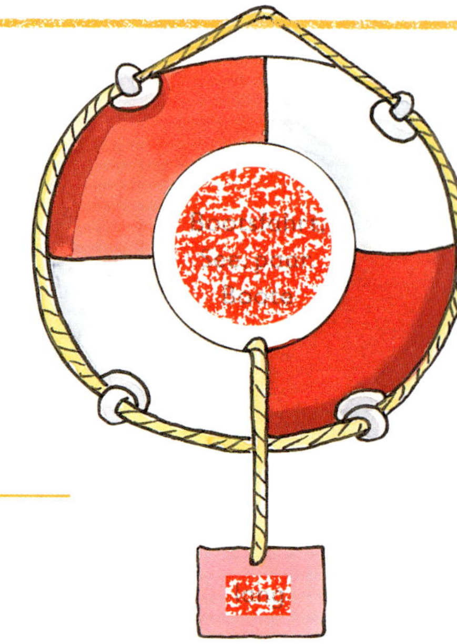

1 Lies den Text laut. Schreibe alle Wörter mit doppeltem Selbstlaut auf.

Lisa macht mit ihrem Vater eine Bootsfahrt auf dem See. Auf dem Wasser sind noch ein paar andere Boote zu sehen.

Wie sprichst du die doppelten Selbstlaute?

Tipp In einigen Wörtern wird das lang gesprochene *a*, *e* und *o* verdoppelt, z. B. Haare, Meer, Zoo.

2 Schau dir die Bilder auf den Segeln genau an. Welche Wörter haben einen doppelten Selbstlaut? Male diese Dinge bunt an und schreibe sie auf.

3 Entdeckst du auf dem Steg alle Wörter mit doppeltem Selbstlaut? Umkreise sie.

4 Setze die Buchstaben in den Fischen richtig zusammen. Schreibe die Wörter auf.

5 Lies die Wörter laut. In jeder Reihe passt ein Wort nicht zu den anderen. Unterstreiche es.

Sommer – Sonne – Schnee
Apfel – Birne – Boot
Auto – Beere – Fahrrad
Saal – Tanne – Wald
Hund – Katze – Fee

Wörter mit ck

1 Was machen die Kinder? Lies den Text.
Weißt du, welche Buchstaben fehlen?

Svenja und ihre Freundin machen ein Pi_ni_.
Sie haben eine De_e und Beste_ dabei.
Auch Spe_ und Brot haben sie eingepa_t.
Dem neugierigen Hund hat Svenja etwas
Le_eres zugeste_t, aber er le_t lieber
an einem dre_igen Sto_.

2 a) Lies die Wörter mit *ck* laut.
Wie sprichst du den Selbstlaut vor dem *ck*?

Regel Das *ck* steht nur hinter einem kurz gesprochenen Selbstlaut, z. B. Fleck.

b) Bringe die Wörter wieder in die richtige Reihenfolge.
Tipp: Du findest die Wörter im Text.

KSOTC ____________ EEDKC ____________

3 In den Blütenblättern auf der Wiese haben sich Wörter versteckt. Schreibe sie auf.

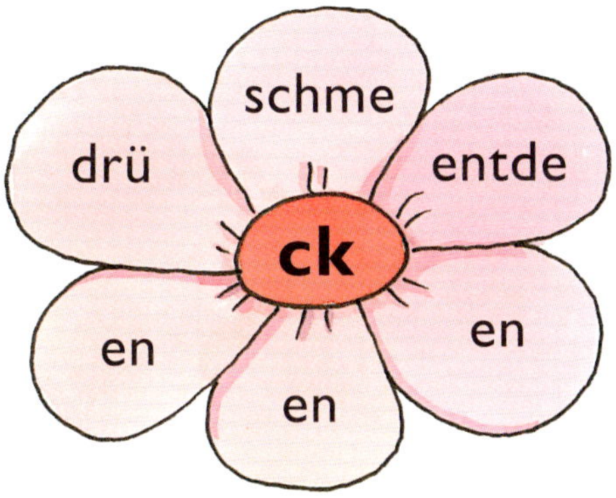

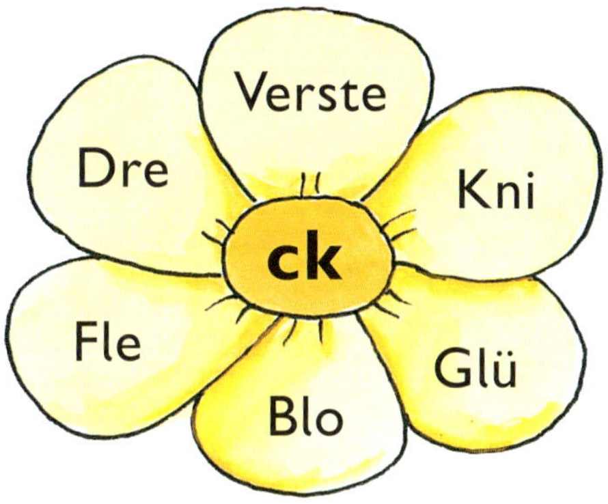

4 Kannst du jedes Namenwort mit dem passenden Tunwort verbinden?

5 Suche dir drei Wörter mit *ck* aus und bilde mit ihnen einen lustigen Satz. Schreibe ihn auf und lies ihn vor. Versuche es auch mit mehr als drei Wörtern.

Wörter mit eu

1 Lies den Text und unterstreiche alle Wörter mit *eu*. Wie viele sind es?

Heute macht Sina mit ihren Freunden einen Ausflug zur Burg. Um neun Uhr treffen sie sich. Alle freuen sich schon.

2 Aus der alten Burgmauer sind einige Steine herausgefallen. Kannst du sie wieder einsetzen?

3 Male alle Felder aus, in denen du ein sinnvolles Wort lesen kannst.

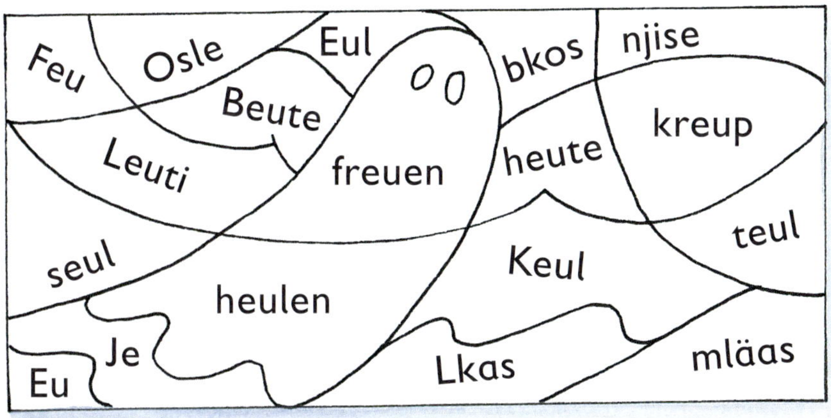

4 Sina erzählt ihren Eltern abends von dem Ausflug. Trägst du die fehlenden Wörter ein? Achte auf die Groß- und Kleinschreibung.

__________ war der schönste Tag in dieser Woche.

Um __________ Uhr war es schon ganz warm.

Meine __________ und ich hatten viel Spaß.

In der Burg war es toll. Stellt __________ vor,

die __________ haben erzählt, dass es dort spukt.

5 Kennst du das Gegenteil? Suche ein Wort mit *eu*.

billig

trocken

Feind

alt

Trauer

lachen

[redacted]

Wörter mit tz

1 Willst du wissen, was Julian und seine Freunde im Zeltlager erleben? Dann lies den Text und trage die fehlenden Buchstaben ein.

Am Abend si_en die Kinder am Lagerfeuer. Plö_lich bli_t und donnert es. Regentropfen spri_en ihnen ins Gesicht. Der Zeltpla_ ist ganz nass. Sie packen schnell ihre Matra_en zusammen und suchen Schu_ im Zelt.

2 Welche Buchstaben hast du eingetragen? Wie sprichst du den Selbstlaut davor?

Regel Das tz steht nur hinter einem kurz gesprochenen Selbstlaut, z. B. Katze.

[redacted]

3 Auf jedem Zelt steckt eine Fahne. Kannst du jede Fahne mit dem passenden Zelt verbinden? Schreibe dann die zusammengesetzten Namenwörter auf.

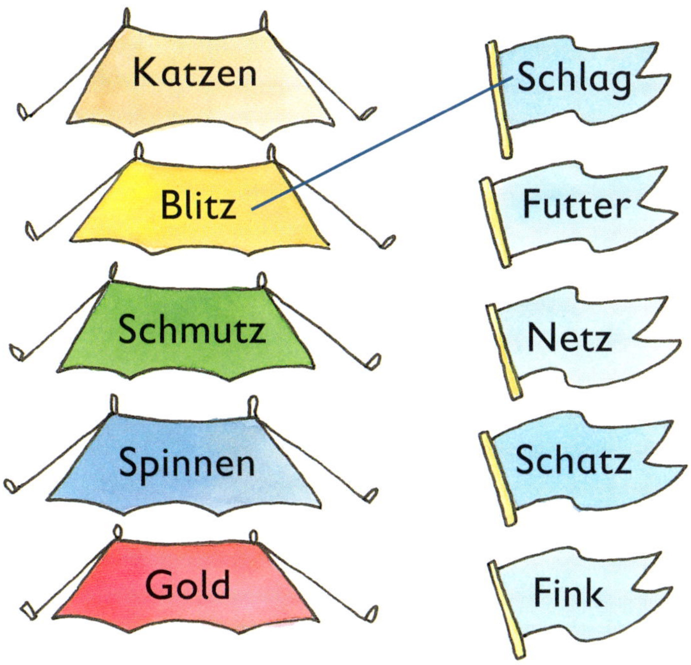

Blitzschlag, ______________________________

____

4 Wenn du die Felder auf Julians neuem Schlafsack mit den richtigen Farben ausmalst, bleiben fünf Felder übrig. Wie heißt der Lösungssatz?

das	Tisch	Bär	hetzen	gemacht
Sonne	hast	kratzen	gut	schmatzen
schwitzen	blitzen	du	Uhr	Käse

[redacted]

Lösung: ______________________________ ! [redacted]

Wiederholung

1 Findest du die Namenwörter im Wörtergitter?
Kreise sie ein und schreibe sie mit ihrem Begleiter auf.

B	K	Ä	F	E	R
R	E	M	L	B	A
B	B	A	L	L	U
A	P	U	S	A	M
U	Q	S	V	T	Z
M	R	A	U	T	O

2 Kannst du die Wiewörter mit den passenden Bildern verbinden? Schreibe sie auf.

rund

grau

klein schnell blau gelb

3 Lies den Text. Unterstreiche die Tunwörter blau und die Namenwörter rot.

Karlo sucht seinen Hund. Er schaut in den Schuppen, doch Konfetti sitzt im Garten hinter der Hecke. Ob Karlo ihn dort wohl findet?

4 Setze die Namenwörter neu zusammen, sodass du sinnvolle Wörter erhältst.

~~Regen~~lampe, Taschenhütte, Hunde~~schirm~~,
Eistopf, Streichholzbär, Goldschachtel,
Blumenfisch, Kerzenrohr, Heizungsständer

Regenschirm, ____________________

____

Tipp Wenn du eine Aufgabe nicht lösen kannst, schau noch einmal vorne nach.

5 Konfetti hat Wörter verzaubert. Kannst du sie wieder zusammensetzen?

__________ __________ __________

6 Setze die passenden Anfangsbuchstaben ein und schreibe eine Geschichte zu den Wörtern auf.

____ort ____nee ____ein ____uhl

Knack den Code

Auf jeder Doppelseite (Seite 4 – 33) findest du eine kleine braune Lupe. Darin steht jeweils eine Zahl.

- Schreibe die Zahlen nacheinander auf die Linien.
- Ersetze sie dann durch die Buchstaben, die auf dem Zettel versteckt sind: zum Beispiel 9 durch den Buchstaben A.
- Trage jeweils den passenden Buchstaben unter der Zahl ein. Wie heißt der Lösungssatz?

CODE

3 =	4 =
33 =	22 =
1 =	9 =
13 =	31 =
16 =	7 =
11 =	17 =
2 =	

__ __ __   __ 9 11 __   4 __

__ __ __ __ 9   __ __ __ __ __ 17 13 !

Code geknackt:

Datum

Mein Detektivname

Fingerabdruck

Unterschrift

Lesetraining

Nach Silben lesen

1 Lies die Wörter auf den Handtüchern Silbe für Silbe. Setze die Bögen zur Silbentrennung.

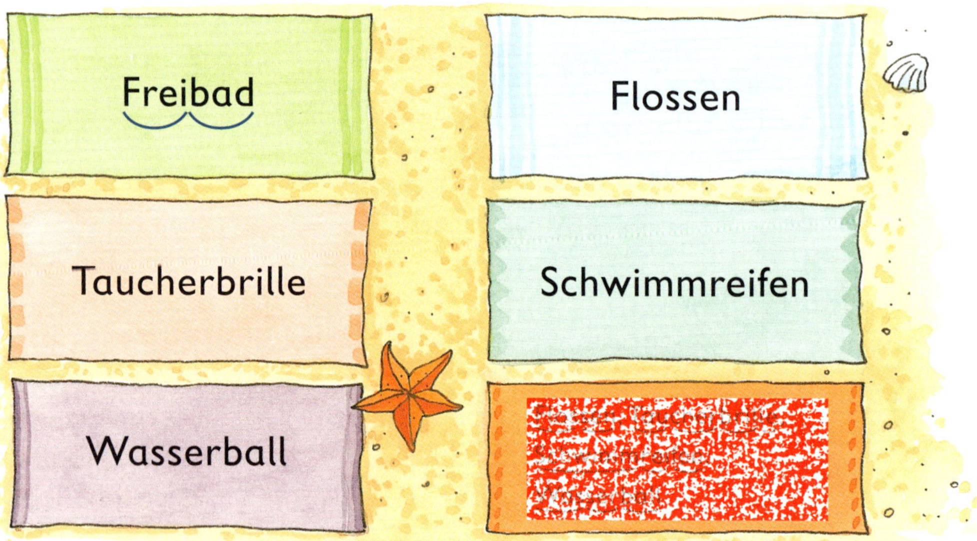

Tipp Du kannst Wörter besser lesen, wenn du Silbe für Silbe liest. Am besten malst du unter jede Silbe einen Bogen, z. B. Badeanzug.

2 Lies die Wörter im Bild laut. Klatsche oder stampfe bei jeder Silbe und setze Bögen zur Silbentrennung.

3 Lies die Wörter auf dem Handtuch laut.
Trenne die Silben mit Strichen, z. B. Wie-se.
Schreibe die Wörter an die richtige Stelle.

[redacted]

1 Silbe ____________________

2 Silben ____________________

3 Silben ____________________

4 Silben ____________________

5 Silben ____________________

6 Silben ____________________

4 Welche Wörter sind in falsche Silben unterteilt?
Streiche sie durch und schreibe sie richtig auf.

tau-chen Handt-uch schwim-men
Son-nen-schein ru-tschen

____

____

[redacted]

5 Immer drei Silben ergeben ein Wort.
Male die passenden drei Bälle in der gleichen Farbe an. Schreibe dann die Wörter auf.

____

____

____

[redacted]

Wörter lesen

1 Daniel ist mit seinen Freunden auf dem Flohmarkt.
Weißt du, was Daniel verkauft?
Lies die Wörter laut. Der Tipp hilft dir.

Marionette

Lokomotive

Rennauto

Stoffbären

Tipp Wenn du ein langes Wort lesen möchtest, hilft dir ein Lineal. Decke einen Teil des Wortes ab und verschiebe das Lineal während des Lesens langsam nach rechts.

2 Durch das Auf- und Abbauen von Wörtern kannst du den Sinn verändern. Verwandle die Wörter.

Buch
Buc
Bu
B
Ba
Bal
Ball

Hase
____
____
____
____
____
Hund

Auto
____
____
____
____
____
Affe

3 Welche Dinge entdeckt Konfetti auf dem Flohmarkt?
Lies die Wörter und umkreise sie.

HOLZHAUSRENNAUTOSPRINGSEIL
STOFFTIERFLUGZEUGBILDERBUCH
PUPPENHAUSSPIELEKASSETTEBALL

4 Daniel verkauft nur Spielzeug an seinem Stand.
Welche Dinge gehören nicht dazu? Lies die Wörter und streiche die falschen Dinge durch.

Puppenhaus	Fußball
Brettspiel	Springseil
Schraubenzieher	Bratpfanne

5 In jeder Zeile passt ein Wort nicht dazu.
Welches? Streiche das Wort durch.

Flohmarkt Flohmarkt Fischmarkt Flohmarkt Flohmarkt
Buch Buch Buch Buch Buch Buch Bach Buch Buch
Tasche Tasche Tasche Tafel Tasche Tasche Tasche
Kiste Kiste Kiste Kiste Kiste Kiste Kiste Kiste Kissen
Geld Geld Geld Geld Geld Geld Geld Gold Geld Geld

6 Was hat Karlo alles auf dem Flohmarkt gekauft?
Versuche die Wörter zu lesen.

Puppenhaus	Lokomotive
Rennauto	Flugzeug
Bilderbuch	Stofftier
Taschenlampe	Fußball

Sätze lesen

1 Katja fährt zu ihrem Onkel. Sie möchte mit ihm in den Bergen wandern. Unterwegs schaut sie sich ein Buch über Berge an. Lies den Text genau durch. Der Tipp hilft dir.

Das Nebelhorn gehört zu den Allgäuer Alpen. Der Gipfel ist ein bekannter Aussichtspunkt, von dem aus sich ein herrlicher Blick bis weit in die Alpen hinein bietet.
Das Gipfelkreuz steht auf 2 224 m Höhe.
Eine Gondelbahn führt vom Tal hoch zum Nebelhorn. In die Gondel passen 25 Menschen.

Tipp Sätze kannst du leichter lesen, wenn du sie unterteilst. Lies zuerst die einzelnen Wörter. Wiederhole die schweren Wörter. Lies danach Satzteile und dann den ganzen Satz.

2 Katja möchte mit ihrem Onkel zum Nebelhorn fahren. Welche Sätze stimmen? Kreuze an.

☐ 1. Das Nebelhorn gehört zur Eifel.
☐ 2. Der Gipfel ist ein bekannter Aussichtspunkt.
☐ 3. Das Nebelhorn hat ein Gipfelkreuz.
☐ 4. Das Gipfelkreuz steht auf 1 800 m Höhe.
☐ 5. Es fährt eine Gondel auf den Berg.
☐ 6. In die Gondel passen 26 Leute.

Katja liest im Buch weiter. Kannst du die Sätze lesen? Trenne die Wörter mit einem Strich und schreibe die Sätze auf. Lies sie dann laut vor.

1. DerBergseeleuchtetblauundgrün.
2. DerSeeistsehrkaltundsehrtief.
3. MankanndarinvieleFischesehen.

____

____

____

Welcher Satz passt zu welchem Bild?
Lies die Sätze von rechts nach links und schreibe den passenden Buchstaben in das Kästchen.

1 ☐ 2 ☐ 3 ☐ 4 ☐

a) .Steinböcke viele leben Bergen den In
b) .kalt und tief sehr ist Bergsee Der
c) .Berg dem auf oben steht Gipfelkreuz Das
d) .hinauf leicht und schnell es geht Gondel der Mit

Bild-Text-Zuordnung

1 Max ist umgezogen und kennt sich in der Stadt noch nicht aus. Zuerst will er zum Rathaus. Wie sieht es aus? Male das Rathaus richtig an. Der Tipp hilft dir.

Das grüne Rathaus steht am Marktplatz.
Es hat gelbe Fensterläden und eine rote Tür.
Oberhalb der Tür steht: Rathaus.
Das Dach hat rote Ziegel.
Auf dem Platz vor dem Rathaus weht
eine gelb-grün gestreifte Fahne.

Tipp Achte beim Lesen auf Wiewörter, z. B. gelb, groß, schwer.
Dann erfährst du, wie Dinge aussehen und welche Eigenschaften sie haben.

2 Max schaut sich auch die Kirche an. Welche Wörter passen zur Kirche? Schau genau und kreise sie ein.

3 Max sucht noch andere wichtige Gebäude.
Welche? Verbinde die Bilder und Texte.
Unterstreiche die Wiewörter.

a) Die Post liegt neben dem Rathaus.
Sie ist an ihrer gelben Farbe zu erkennen.

b) Die Apotheke liegt in einer kleinen
Seitenstraße. Das alte Fachwerk ist
wunderschön.

c) Die Bank ist neu und modern.
Sie hat viele Fenster. Die Außenwand ist grau.

d) Die Polizeiwache liegt außerhalb des Zentrums.
Sie hat ein flaches Dach und ist grün gestrichen.

[redacted]

4 Max will zum Bahnhof. Eine Frau erklärt ihm den Weg.
Zeichne den Weg in das Bild ein.

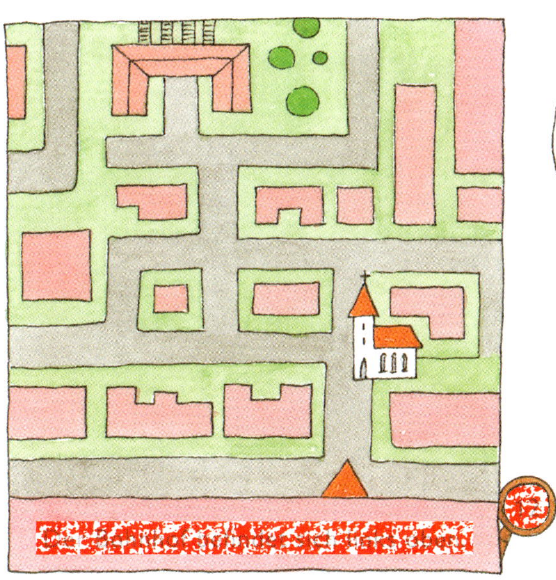

[redacted]

Sinnerfassendes Lesen

1 Was kauft Karlo ein? Kreise die Dinge ein.

a) Oval und zerbrechlich.
Davon sechs Stück.

b) Krumm und gelb.
Davon vier Stück.

2 Heute sind viele Lebensmittel im Angebot.
Unterstreiche wichtige Wörter. Der Tipp hilft dir.
Welche Angebote passen zu den Dingen? Verbinde.

a) Gesund und voller Vitamine! Ganz frisch aus Afrika.
Jetzt zum halben Preis!

b) Aus wunderbarem Blütennektar gemacht.
Der süße Genuss fürs Frühstück! Um 1 € billiger!

c) Von glücklichen Kühen aus den Bergen!
Der Geschmack ist wunderbar! Jetzt billiger!

d) Eine leckere Mischung aus Getreide, Nüssen
und Rosinen. Heute im Sonderangebot!

①

②

③

④

Tipp Unterstreiche wichtige Wörter in einem Text, z. B. Namenwörter oder Wiewörter. So verstehst du den Inhalt schneller und kannst ihn dir besser merken.

3 Lies die Angebote von Aufgabe 2 und decke sie ab. Ergänze die Lücken. Achte auf die Wiewörter.

a) Eine __________ Mischung!

b) Ganz __________ aus Afrika!

c) Von __________ Kühen aus den Bergen.

d) Aus __________ Blütennektar gemacht.

4 Immer zwei Sätze gehören zusammen. Welche?

1. Die Kartoffeln sind frisch vom Feld geerntet.
2. Die Eier sind frisch und groß.
3. Der Käse wird aus bester Ziegenmilch gemacht.
4. Sie eignen sich gut als Beilage.
5. Die Tiere leben in den Bergen.
6. Die Bananen sind gesund und voller Vitamine.
7. Sie stammen von Bauernhöfen.
8. Affen essen sie besonders gern.

5 Weißt du, welche Gemüsesorten gesucht sind? Male sie in den Einkaufskorb.

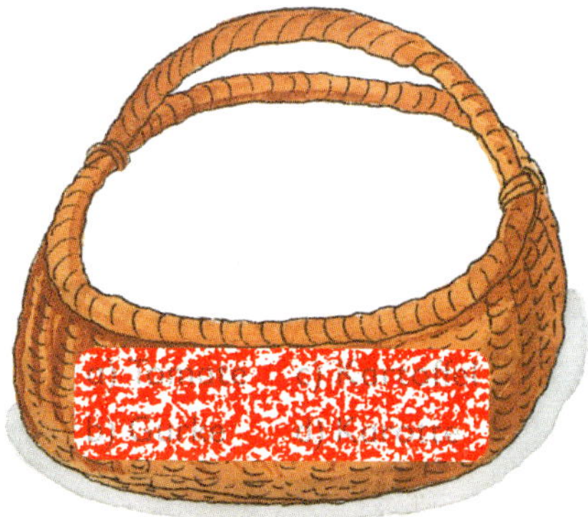

a) rund und rot
b) lang und grün
c) klein und braun
d) knackig und orange

Reihenfolge erkennen

1 Lisa und Sonja gehen heute ins Eisstadion.
Schau dir das Bild gut an. Lies den Text durch.
Bestimme die Reihenfolge von 1–4.
Der Tipp hilft dir.

a) ◯ Zuerst fahren Lisa und Sonja noch unsicher. Nach ein paar Minuten klappt es besser.

b) ◯ Heute gehen Lisa und Sonja ins Eisstadion. Sie haben ihre neuen Schlittschuhe dabei.

c) ◯ Zum Schluss fällt auch noch Sonja aufs Eis und liegt neben Tina auf dem Boden.

d) ◯ Aber dann fährt Lisa zu schnell. Sie kommt aus dem Gleichgewicht und fällt hin.

Tipp Lies dir die Texte genau durch.
Achte auf Wörter wie zuerst, dann, zum Schluss.
Sie sagen dir, was nacheinander passiert.

2 Welches der drei Wörter kommt im Text oben jeweils zuerst vor?
Unterstreiche es und schreibe es auf.

a) unsicher, noch, Lisa ____________

b) Eisstadion, Sonja, Schlittschuhe ____________

c) auch, Eis, Boden ____________

d) Gleichgewicht, fällt, schnell ____________

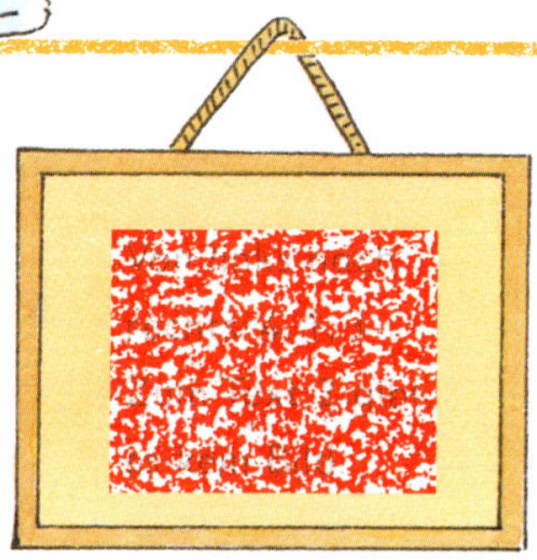

3 Lies dir den Text von Aufgabe 1 noch einmal in Ruhe durch und decke ihn dann ab. Schreibe die entsprechende Zahl zum Bild. Zu welchem Textabschnitt gibt es kein Bild?

4 Weißt du, welches der fünf Bilder zu welchem Abschnitt gehört? Schreibe jeweils den passenden Buchstaben in das Kästchen.

a) Dann spielen Lisa und Sonja ein Würfelspiel.

b) Nach dem Spielen essen sie Apfelschnitze.

c) Zuerst gehen Lisa und Sonja Schlittschuh laufen. Es macht ihnen sehr viel Spaß.

d) Abends liest Sonja noch in ihrem Lieblingsbuch. Es war ein schöner Tag.

e) Danach gehen Lisa und Sonja nach Hause und trinken eine Tasse heiße Schokolade.

Flüssiges Lesen

1 Tim und seine Schwester lassen Drachen fliegen. Pia kann Tim kaum verstehen, weil es so stark windet. Er muss den Satz mehrmals wiederholen. Lies den Text laut und flüssig vor. Der Tipp hilft dir.

Mein Drachen
Mein Drachen tanzt
Mein Drachen tanzt wild
Mein Drachen tanzt wild im Kreis
Mein Drachen tanzt wild im Kreis herum
Mein Drachen tanzt wild im Kreis herum und
Mein Drachen tanzt wild im Kreis herum und flattert.

Tipp Lies bei schwierigen Sätzen oder Zungenbrechern zuerst die einzelnen Wörter. Lies danach die Satzteile. Lies dann die einzelnen Sätze. Danach wiederhole die Sätze, bis du sie schnell und flüssig lesen kannst.

2 Erfinde selbst einen langen Satz. Schreibe jeweils ein neues Wort dazu.

Die Blätter ______________________

____

____

____

____

3 Lies das Drachengedicht auf unterschiedliche Art und Weise.

1. Lies das Gedicht ganz langsam.
2. Lies das Gedicht mit ganz hoher Stimme.
3. Lies das Gedicht mit ganz tiefer Stimme.
4. Lies das Gedicht so schnell wie möglich.
5. Lies das Gedicht rückwärts,
   beginne also mit der letzten Zeile.

Der Drachen fliegt
auf und ab,
vor, zurück,
hoch und nieder,
immer, immer wieder.

4 Versuche diesen Zungenbrecher flüssig zu lesen.

Der Drachen dreht sich drollig dreißigmal.
Drollig dreht sich der Drachen dreißigmal.
Dreißigmal dreht sich der Drachen drollig.

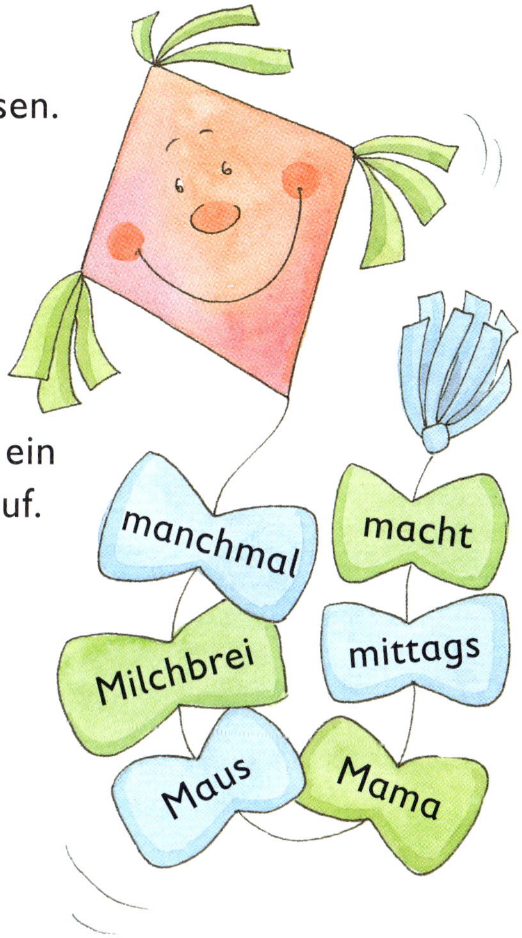

5 Ordne die Wörter auf den Schleifen so, dass ein Zungenbrecher entsteht. Schreibe den Satz auf.

____

____

____

[redacted]

6 Kannst du den Satz auf dem Drachen schnell und flüssig lesen? Probiere es mehrmals.

[redacted]

Textinhalte erfassen

1 Jens und sein Vater bauen ein Vogelhaus.
Lies die Bauanleitung durch.
Unterstreiche alle Wörter, mit denen du auf die Frage *Wie viel?* antworten kannst.

Material:
Für das Vogelhaus benötigst du fünf Bretter: 35 cm lang und 20 cm breit. Du benötigst zwei kleinere Bretter: 20 cm lang und 20 cm breit. Besorge dir außerdem eine runde Holzstange. Um das Haus anzumalen, brauchst du einen kleinen Eimer schwarze Farbe und einen großen Eimer rote Farbe.

Tipp Stelle W-Fragen, damit du Wichtiges aus dem Text schnell erfassen kannst, z. B.
Wer? Was? Wie viel? Wie? Wann? Wo?

2 Jens hat eine Einkaufsliste geschrieben.
Lies nochmals die Bauanleitung. Ergänze die Lücken.

- 5 Bretter: ________ lang und ________ breit
- 2 Bretter: 20 cm ________ und 20 cm ________
- 1 ________________ Holzstange
- 1 kleinen Eimer ________________ Farbe
- 1 ______________ Eimer rote ______________

3 Lies dir die Bauanleitung weiter durch.
Zeichne das Vogelhaus fertig und male es an.

In die Mitte einer Wand wird ein rundes Loch gesägt. Darunter kommt die runde Holzstange. Dort können sich die Vögel hinsetzen. Das Dach wird mit schwarzer Spezialfarbe angemalt, damit es nicht ins Haus regnet. Die Wände werden mit roter Farbe angemalt.

4 Welche Beschreibung passt zu diesem Vogelhaus?
Kreise den passenden Buchstaben ein.
Das Bild links hilft dir, die richtige Lösung zu finden.

Das Vogelhaus …

a) … hat zwei Löcher und zwei Sitzstangen.
Es hat ein rotes Dach und schwarze Wände.

b) … hat eine Sitzstange und ein Loch.
Das Dach ist schwarz und die Wände sind blau.

c) … hat ein gelbes Dach und blaue Wände.
Vor einem der zwei Löcher ist eine Sitzstange.

d) … hat ein blaues Dach und schwarze Wände.
Vor einem Loch sind zwei Sitzstangen.

5 Weißt du, welchen Vogel Jens im Futterhäuschen entdeckt hat? Lies seine Beschreibung gut durch.

____

Sachtexte verstehen

1 Jana besucht mit ihrer Klasse eine Fabrik. Dort werden Spiele hergestellt. Der Fabrikleiter erklärt den Kindern den Produktionsablauf. Unterstreiche Wichtiges. Der Tipp hilft dir.

Tipp Du verstehst Sachtexte besser, wenn du wichtige Wörter im Text unterstreichst. Die Antworten auf die W-Fragen Wer? Was? Wie viel? Wie? Wann? Wo? können dir dabei helfen.

2 Vervollständige die Sätze.

a) Täglich werden ________ Spiele hergestellt.

b) Auf dem Fließband legt jedes Spiel ______ zurück.

c) Die Herstellung dauert ____________________.

d) Die Spiele werden in ________________ verschickt.

3 Jana informiert sich in einem Prospekt über die Fabrik. Lies den Text. Schreibe die wichtigsten Stichwörter auf.

Die Fabrik besteht seit 1925 und ist ein Familienbetrieb. Es werden Brettspiele und Kartenspiele hergestellt. Die Spiele werden in verschiedene Sprachen übersetzt. So können sie ins Ausland verkauft werden.

4 a) Im Text sind einige Wörter nicht richtig. Streiche sie durch.

In der Fabrik werden Bretter und Kartenspiele hergestellt. Das Spiel „Wettrennen“ wird jeden Tag 600-mal hergestellt. An den Maschinen arbeiten 20 Leute. Die Fabrik besteht seit 1920 und wird von einer Familie geleitet. Die Spiele werden nicht ins Ausland verkauft.

[redacted]

b) Ersetze die durchgestrichenen Wörter und schreibe die passenden Angaben auf die Linien.

Rätsel lösen

1 Die Kinder machen eine Schnitzeljagd.
Dabei müssen sie viele Rätsel lösen.
Trage die Wörter in die Kästchen ein.
Das Lösungswort liest du in Pfeilrichtung.

1. Nicht weiß
2. Nicht hart
3. Nicht niedrig
4. Nicht oben
5. Nicht kurz
6. Nicht leicht

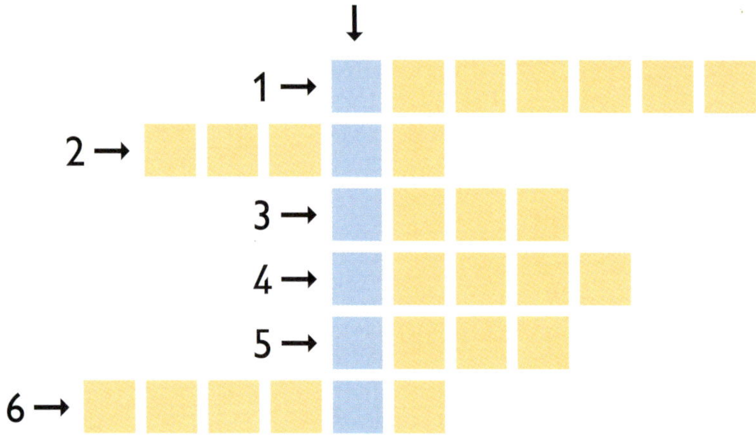

2 Setze beim Lesen für die Bilder Wörter ein.
Welcher Ort wird gesucht?

Dort leben . Dort ist es .

Dort gibt es . Dort stehen viele .

Dort ist das nächste Rätsel versteckt. 

3 Lies das Rätsel. Welche Buchstaben passen nicht dazu? Trage sie in die Kästchen ein und du weißt, wo die Kinder das 4. Rätsel finden.

UMDENSCHATZSZUFINDENEMÜSSTIHR
SEHRESCHLAUSEIN.

4 Wo geht die Suche der Kinder weiter?
Umkreise jeden 5. Buchstaben.

WFRCGTSAOALMPBRKZGFTNCVHEAMWXNST

5 Wie viele Vögel siehst du auf Seite 54 und 55? Zähle. ____________

6 Wo ist der Schatz versteckt? Zwei Wörter sind gesucht. Zusammen ergeben sie die Lösung.

Es ist ganz klein und fein.
In der Wüste gibt es viel davon.
Es gibt sogar eine Uhr damit.

Was ist das? ____________

Es ist oft aus Holz oder Metall.
Es ist nicht rund, sondern eckig.
Das Brot wird darin aufbewahrt.

Was ist das? ____________

Optische Wahrnehmung schulen

1 Tina und Max fahren mit ihren Eltern ans Meer. Was packt Max in den Koffer? Suche vier Sachen, die er zum Schwimmen braucht. Kreise sie ein.

BADEHOSEBUCHSCHWIMMFLOSSEN
HANDTUCHTAUCHERBRILLESTIFTE
WECKERZAHNPASTAKAMMSOCKEN

2 Tina packt auch fleißig Dinge ein. Weißt du, was? Streiche alle X und Y durch. Lies die Wörter und schreibe sie auf die Linien.

BÜCXHEYRHXXOSEYNSXTOYYFFTXYIEXRX
SCHYXUYHEMÜYXTZYEYYXBYYAYXXLXXLX
SCHXYYIRYMXYPUXYLLYXOXYYYVXEYRYY
JXAYCKYXEYYXSCHXYLAXXFAYXNXZYYUG

3 a) Was hat Tina beim Packen vergessen? Setze die beiden Wörter auf den Taschen zu einem Wort zusammen.

[redacted]

b) Wofür brauchst du diesen Gegenstand? Male ein passendes Bild in den Rahmen.

4 Konfetti hat Tinas Socken durcheinandergebracht.
Male immer zwei Socken mit dem gleichen Buchstabenmuster in derselben Farbe an.

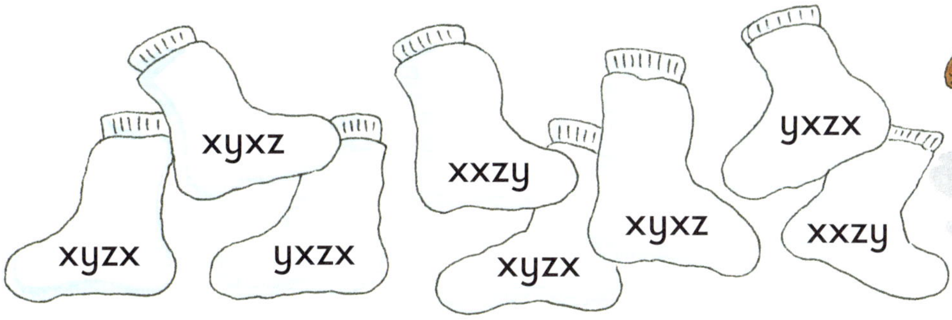

5 Was nehmen die Eltern von Tina und Max mit?
Schreibe die Wörter auf und lies sie laut.
Der letzte Buchstabe eines Wortes ist der Anfangsbuchstabe vom neuen Wort.

HUTASCHEIMERUCKSACKAMERANZUGITARRE

Hut, ______________________________

____

6 Karlo sucht die Handtücher mit der Aufschrift „Strandtuch". Welche sind es? Lies die Wörter.

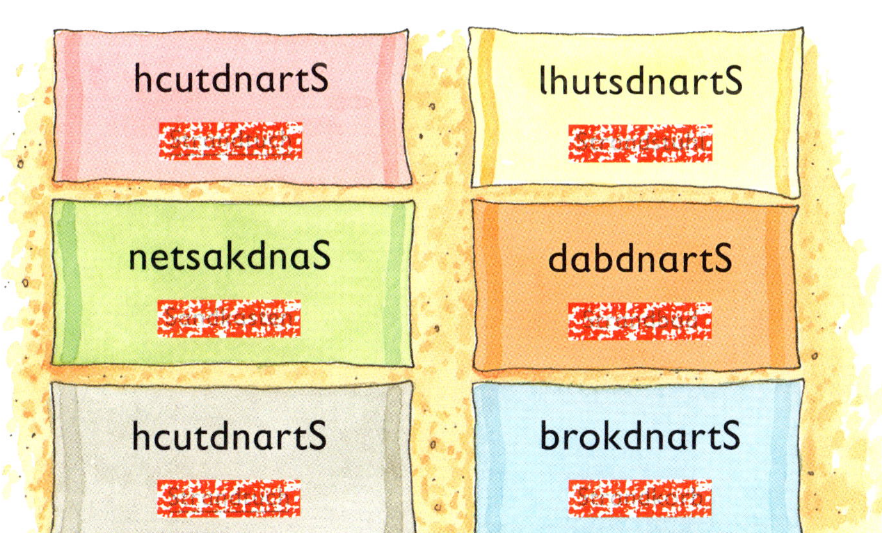

Betontes Lesen

1 Max und Tina sind mit ihren Eltern am Flughafen. In zwei Stunden fliegen sie ab. Max hört über Lautsprecher eine Durchsage. Lies sie laut und betont vor. Der Tipp hilft dir.

Tipp Bei Fragen (z. B. Wie geht's dir?) sollte deine Stimme am Satzende nach oben gehen.
Bei Ausrufen (z. B. Vorsicht!) sollte deine Stimme lauter werden.
Versuche beim Lesen eines Gesprächs auszudrücken, wie sich die Personen fühlen: *Freuen* oder *ärgern* sie sich? Haben sie *Angst*?

2 Wie viele Ausrufesätze und wie viele Fragesätze gibt es in Aufgabe 1? Lies die Sätze nochmals.

3 Am Informationsschalter hört Tina einem Gespräch zu. Lies es laut und betont vor.

„Kann ich Ihnen helfen?“

„Mir wurde mein Koffer gestohlen.“

„Wo haben Sie den Koffer
das letzte Mal gesehen?“

„Ich habe im Warteraum C 25 gesessen.
Ich bin nur kurz aufgestanden.“

„Ich werde telefonieren.
Vielleicht ist Ihr Koffer auch
abgegeben worden.“

„Vielen Dank!“

4 Über den Lautsprecher kommen viele Meldungen. Setze die Satzzeichen ? oder ! ein. Lies betont vor.

1. Haben Sie Ihr Gepäck kontrollieren lassen ☐
2. Gehen Sie zum Ausgang B 60 ☐
3. Wer hat seine Jacke im Warteraum liegen lassen ☐
4. Herr Braun, bitte zur Information kommen ☐

5 Welche Fragesätze und Ausrufesätze gehören zusammen? Verbinde. Lies dann laut vor.

A. Bitte halten Sie	1. Gepäck noch abgeben?
B. Gehen Sie jetzt	2. Bordkarten dabei?
C. Wer muss das	3. Ihre Pässe bereit!
D. Haben Sie Ihre	4. zum Ausgang!

Rhythmisches Lesen

1 Silvia übt mit ihren Freunden ein Theaterstück für Omas Geburtstag. Lies dir die Reime durch und lerne sie auswendig. Der Tipp hilft dir.

Tipp Lies den Reim zuerst ganz langsam. Dann lies ihn schneller und klatsche bei jeder Silbe. Steh auf, sage den Reim auswendig auf und mache bei jeder Silbe einen Schritt.

2 Ergänze die Lücken. Verbinde die Reime mit den richtigen Personen. Lerne die Reime auswendig.

Pii, paa, pee,
ich bin die gute ______________________.

Masch, musch, mosch,
ich bin der grüne ____________________.

Tach, tuch, toch,
ich bin der große ____________________.

3 Der Reim der Hexe ist durcheinandergeraten.
Schreibe ihn auf und lerne ihn auswendig.

____

____

____

____

____

Hexerei!

1, 2, 3,

4, 5 und 6,

jetzt kommt die Hex'!

4 Kannst du den Reim lesen?
Lies erst die einzelnen Wörter und klatsche zu den Silben. Lies dann schneller.

__ns, zw__, dr__,
das ist __nfach Zauber__!
Dr__, zw__, __ns,
aus d__nem wird jetzt m__ns!

5 Karlo hat ein Gedicht geschrieben.
Lies es mit verschiedenen Stimmen vor.

Heute brauch' ich nichts zu kochen,
Konfetti kriegt 'nen Riesenknochen.
Er wird heute sieben Jahr',
das feiern wir mit viel Trara!

Gedichte vortragen

1 Pia hat Geburtstag. Sie bekommt viele Geschenke.
Ihre Mutter hat ihr sogar ein Gedicht geschrieben.
Lies das Geburtstagsgedicht laut. Der Tipp hilft dir.

Zum Geburtstag ganz viel Glück
und ein großes Kuchenstück.
Ein großes Fest bis Mitternacht,
dass jeder nur vor Freude lacht.
Alle Gäste, groß und klein,
wollen heute bei dir sein.
Wir wünschen dir das Allerbeste
und drücken dich dabei ganz feste.

Tipp Wenn du ein Gedicht vorträgst,
so versuche wichtige Wörter zu betonen.
Deine Stimme kann dabei
lauter und leiser werden.

2 Lies das Gedicht noch einmal.
Welche Wörter reimen sich? Unterstreiche sie.

3 Kannst du den letzten Vers des Gedichts vortragen?
Ordne zuerst die Wörter richtig.
Schreibe den Vers auf und trage ihn vor.

______________________	ist wunderschön
______________________	zu Ende gehn.
______________________	Dieser Tag
______________________	und sollte nie

4 Schau dir die Bilder genau an.
Welches Bild passt nicht zum Gedicht?

a)

b)

c)

d)

5 a) Trage die richtige Reihenfolge von 1–5 ein.

b) Kannst du das Gedicht schon auswendig?
Übe es mit den passenden Bewegungen.

◯ Dieser Tag ist wunderschön
und sollte nie zu Ende gehn.

◯ Ein großes Fest bis Mitternacht,
dass jeder nur vor Freude lacht.

◯ Zum Geburtstag ganz viel Glück
und ein großes Kuchenstück.

◯ Alle Gäste, groß und klein,
wollen heute bei dir sein.

◯ Wir wünschen dir das Allerbeste
und drücken dich dabei ganz feste.

Mache eine große kreisförmige Bewegung mit deinen Händen.

Bei „Freude“: Springe in die Luft.

Führe die Hand zum Mund, als ob du essen würdest.

Bei „groß“: Stelle dich auf die Zehenspitzen.
Bei „klein“: Mache eine Kniebeuge.

Bei „drücken“: Verschränke deine Arme vor der Brust.

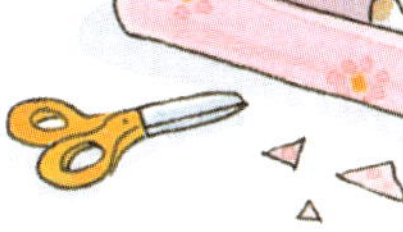

Wiederholung

1 Lies den Text genau durch. Suche die Farbwörter im Text und unterstreiche sie. Male dann das Bild vom Clown richtig an.

Ich habe einen großen gelben Hut mit einer roten Feder. Auf meiner dicken roten Nase trage ich eine grüne Brille. Meine Jacke ist blau und grün gestreift. Die rote Hose ist mir viel zu kurz. Dafür sieht jeder meine großen schwarzen Schuhe. Auf meine gelbe Fliege bin ich besonders stolz.

2 In jedem Satz ist ein Wort falsch. Streiche es durch. Lies die Sätze nochmals. Ergeben sie nun Sinn?

Hoch oben unten am Himmel gibt es viele Wolken.
Die Wolken werden manchmal nie schwarz.
Plötzlich fällt steigt der Regen vom Himmel.
Die Erde wird nun ganz trocken nass.

3 Lies die beiden Zungenbrecher: zuerst die Wörter, dann die Sätze, dann alles zusammen. Werde immer schneller.

Hinterm Haus
hoppeln hundert Hasen.

Hundert Hasen
hocken auf dem Rasen.

4 Um welche Tiere geht es hier? Lies die Texte und schreibe die passenden Tiernamen auf.

a) Ich habe vier Pfoten. Ich bin klein und grau. Ich mag besonders gern Käse. ______

b) Ich habe vier Füße. Ich bin groß und grau. Ich habe einen langen Rüssel. ______

c) Ich habe zwei Füße. Ich kann fliegen. Ich fresse Mäuse. Ich bin in der Nacht wach. ______

5 Findest du in der Schlange vier Tiernamen? Schreibe sie auf die Linie.

______

6 Was bekommt Nina zum Geburtstag? Lies die Wörter. Sie sind rückwärts geschrieben.

Knack den Code

Auf jeder Doppelseite (Seite 36 – 65) findest du eine kleine braune Lupe. Darin steht jeweils eine Zahl.

- Schreibe die Zahlen nacheinander auf die Linien.
- Ersetze sie dann durch die Buchstaben, die auf dem Zettel versteckt sind: zum Beispiel 8 durch den Buchstaben E.
- Trage jeweils den passenden Buchstaben unter der Zahl ein. Wie heißt der Lösungssatz?

CODE

8 =
15 =
3 =
20 =
9 =
17 =
4 =
14 =
12 =

___ ___ ___ 12 ___ ___ ,

___ 8 ___ ___ ___ ___ 20 ___ ___ ___ ___ ___ !

Code geknackt:

Fingerabdruck

Datum ______________________

Mein Detektivname ______________________

Unterschrift ______________________

Rechnen bis 100

Zahlenraum bis 100

1 Die Hühner auf dem Bauernhof haben Futter bekommen. Wie viele Körner liegen insgesamt auf dem Boden? Umkreise jeweils 10 Körner.

Frage: ______________________________

____

Rechnung: ______________________________

Antwort: ______________________________

____

Regel 10 E (Einer) = 1 Z (Zehner)
10 Z (Zehner) = 1 H (Hunderter)

2 Auf dem Hof gibt es auch Küken.
Die Kästchen zeigen dir, wie viele Küken es sind.

Es sind insgesamt
____ Küken.

3 Der Bauer zählt die Eier in den Nestern.
Trage die Zahlen in die Stellenwerttafel ein.
Wie viele Eier sind es insgesamt?

	H	Z	E	Zahl
Montag		1	4	14
Dienstag				16
Mittwoch				12
Donnerstag				18
Freitag				17
Samstag				12
Sonntag				11
insgesamt				____

4 Jede Form steht für eine Zahl.
Male die Aufgaben wie im Beispiel auf.

■ = 100 ▌ = 10 ● = 1

125 = 100 + 20 + 5 = ■ ▌▌ ●●●●●

152 = 100 + 50 + 2 = ____________

134 = 100 + 30 + 4 = ____________

5 Schreibe die Formen als Zahl auf.

▌▌▌▌▌▌ ●●● = 63

■ ▌▌▌ ●●● = ____

■ ▌▌▌▌ ●●●●● = ____

▌▌▌▌▌▌▌▌ ●●●●● = ____

■ ▌▌ ●●●●●●● = ____

■ ▌▌ ●●●●● = ____

Vergleichen und ordnen

1 Ines, Max und Paul spielen Sackhüpfen im Garten.
Trage die fehlenden Zahlen für die Sprünge ein.

Ines ist die Schnellste:

10	20	30	40			
		100				

Paul hüpft wie ein Känguru:

5	10	15						45

Max ist sehr langsam:

2	4	6						18

2 Max baut Türme aus Kieselsteinen.
Welcher Turm ist größer? Trage < oder > ein.

10 < 30	80 ___ 90
70 ___ 40	40 ___ 10
20 ___ 50	50 ___ 20

3 a) Ines stellt den Jungen ein Rätsel. Sie legt aus Steinen ein Muster. Zuerst müssen die Steine nummeriert werden. Hilfst du den Kindern?

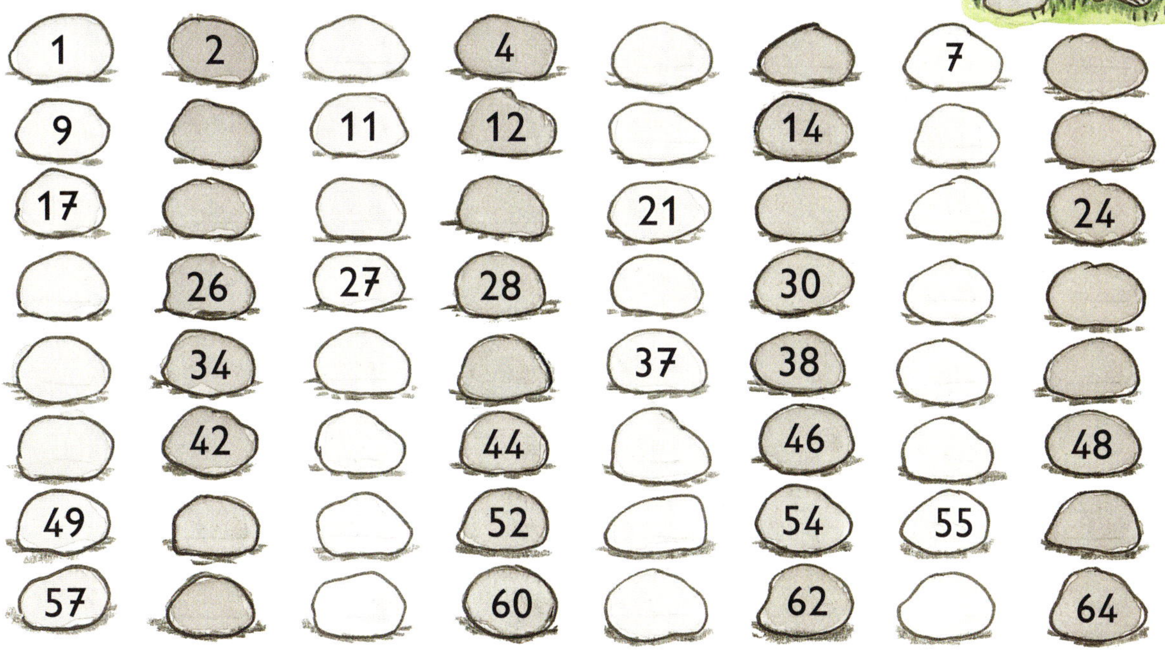

b) So geht das Rätsel weiter:

- ☐ Streiche alle Zahlen, die größer als 45, aber kleiner als 54 sind.
- ☐ Streiche alle geraden Zahlen zwischen 9 und 33.
- ☐ Streiche alle ungeraden Zahlen zwischen 26 und 58.
- ☐ Streiche alle Zahlen, die eine 1 oder 3 enthalten.

- ☐ Streiche alle Zahlen zwischen 41 und 63.
- ☐ Streiche die größte Zahl.
- ☐ Streiche den Vorgänger und Nachfolger von 5.
- ☐ Streiche alle Zahlen, die keinen Zehner haben.
- ☐ Streiche die ungerade Zahl, die noch übrig ist.

Die Lösungszahl heißt ____.

4 Schau dir das Muster aus Steinen noch einmal an. Welche Zahlen stehen immer auf den hellen Steinen, welche immer auf den dunklen Steinen?

Addieren bis 100

1 Pia will aus Eicheln und Kastanien Ketten basteln.
Aus wie vielen Früchten bestehen die Ketten?

3 Kastanien + 13 Eicheln = 13 + 3 = 16 Früchte

4 Kastanien + 11 Eicheln = ______ Früchte

8 Kastanien + 3 Eicheln = ______ Früchte

4 Kastanien + 12 Eicheln = ______ Früchte

Tipp Manchmal fällt dir das Rechnen leichter, wenn du die Tauschaufgabe rechnest.

Rechne so: 5 + 12 =

12 + 5 = 17

2 Konfetti jagt das Kaninchen mit dem höchsten Ergebnis. Welches ist es? Rechne die Aufgaben.

3 Wie viele Eicheln fehlen in jeder Futterhöhle?
Rechne die Aufgaben.

15	10	18	17
10 + 2 + 3	3 + ___ + 2	11 + 4 + ___	12 + ___ + 3

4 Karlo sammelt bunte Blätter.
Rechne die Aufgaben auf den Blättern.

30 + 70 = 100

45 + 50 = ___

37 + 40 = ___

45 + 35 = ___

89 + 10 = ___

40 + 50 = ___

18 + 52 = ___

21 + 20 = ___

26 + 73 = ___

5 Von welchem Baum hat Karlo die meisten Blätter? Rechne aus.

Buchenblätter:	21	+	20	+	50	=	___
Kastanienblätter:	63	+	17	+	20	=	___
Eichenblätter:	28	+	10	+	40	=	___

Rechenvorteile nutzen

1 Jonas übt den Aufschlag. Wie viele Bälle gehen dabei ins Netz? Ergänze die fehlenden Zahlen. Der Tipp hilft dir beim Rechnen.

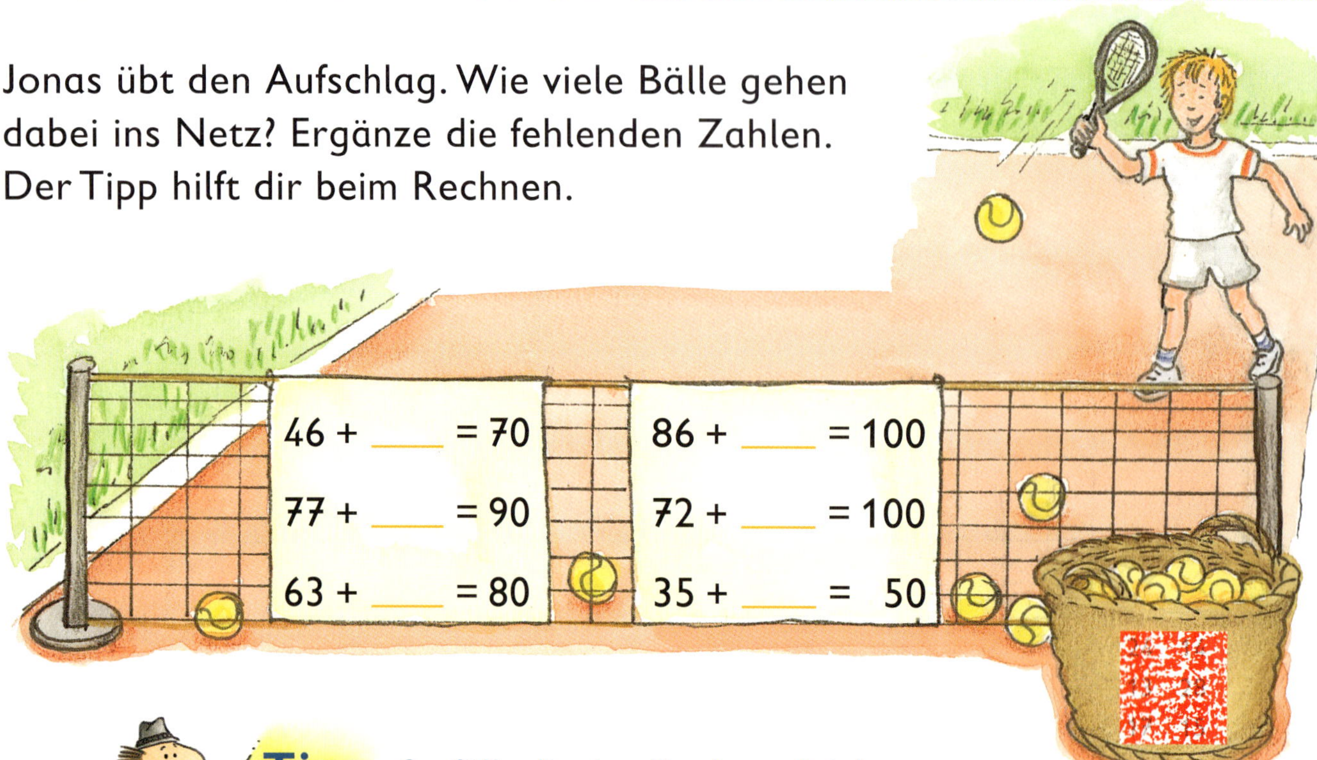

46 + ____ = 70
77 + ____ = 90
63 + ____ = 80

86 + ____ = 100
72 + ____ = 100
35 + ____ = 50

Tipp So fällt dir das Rechnen leichter:
Ergänze zuerst auf volle Zehner
und zähle dann den Rest dazu.

Beispiel: 43 —(+ 19)→ 62

43 —(+ 7)→ 50 —(+ 12)→ 62

2 Jonas möchte den Schläger benutzen, auf dem die größte Zahl fehlt. Welcher ist das? Kreuze an.

☐  44 + ____ = 60

☐  78 + ____ = 90

☐  63 + ____ = 80

☐  57 + ____ = 70

3 Der Gewinner jedes Spiels bekommt Punkte.
Wer gewinnt? Jonas oder sein Freund Peter?

					Punkte gesamt
a) Jonas:	60	+	30	=	____
b) Peter:	40	+	20	=	____

Tipp Lasse beim Rechnen zuerst die Nullen weg
und hänge sie am Ergebnis wieder an.

Beispiel: 30 + 20 = 50
3 + 2 = 5 ↓
30 + 20 = 50 0 wieder anhängen

4 Konfetti entdeckt im Gebüsch ein kleines Tier.
Welches? Rechne die Aufgaben und male
das Feld mit dem passenden Ergebnis bunt an.

15 + ____ = 50
37 + ____ = 55
46 + ____ = 86
42 + ____ = 75
38 + ____ = 54
29 + ____ = 81
44 + ____ = 65
30 + ____ = 49
26 + ____ = 40

Subtrahieren

1 Paula und Lea springen mit dem Seil um die Wette. Paula schafft 16 Sprünge, Lea erreicht 4 weniger. Rechne aus, wie viele Sprünge Lea schafft.

Frage: ______________________________

____

Rechnung: ______________________________

Antwort: ______________________________

2 Melanie zählt nicht richtig. Wie viele Sprünge schaffen Paula und Lea wirklich? Rechne aus.

18 Sprünge – 7 = ____	Sprünge
8 Sprünge – 6 = ____	Sprünge
15 Sprünge – 5 = ____	Sprünge
37 Sprünge – 4 = ____	Sprünge
17 Sprünge – 3 = ____	Sprünge
28 Sprünge – 9 = ____	Sprünge

Tipp Wenn du eine Aufgabe nicht lösen kannst, kannst du Knöpfe oder Zahnstocher zu Hilfe nehmen.
Beispiel: 22 – 13 = ?
Lege 22 Knöpfe auf den Tisch und nimm davon 13 Knöpfe weg.
Zähle die Knöpfe, die dann noch auf dem Tisch liegen.
Diese Zahl ist das Ergebnis.

3 Folge dem Seil und trage in jeden Griff das richtige Ergebnis ein.

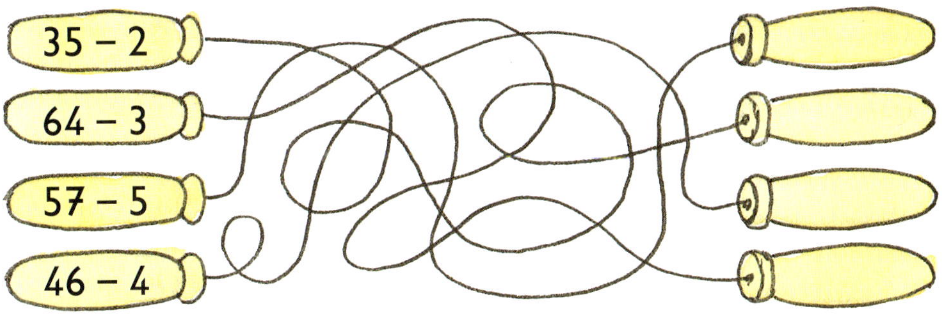

4 Paula und Lea machen eine Pause.
Hilfst du den beiden, die Aufgaben zu rechnen?

–	2	5	6	8	7	3	4
48							
38							
18							
8							

5 Lea hat Bonbons dabei. Paula bekommt die Bonbons mit Ergebnissen unter 50, Lea die mit Zahlen über 50.
Wer bekommt mehr?

80 – 60 = ____

80 – 40 = ____

100 – 40 = ____

90 – 20 = ____

70 – 60 = ____

90 – 50 = ____

Subtrahieren mit Zehnerübergang

1 Steffis Vater ist Bäcker und hat 35 Brote gebacken.
Auf dem Markt verkauft er früh am Morgen 8 Brote.
Wie viele Brote hat er jetzt noch? Beachte den Tipp.

Tipp Rechne zuerst bis zum nächsten Zehner und subtrahiere dann den Rest.

Beispiel: 24 —(− 7)→ 17

24 —(− 4)→ 20 —(− 3)→ 17

2 Steffi hilft ihrem Vater im Laden.
Sie holt immer wieder Brezeln aus dem Ofen.

27 − 11 = ___

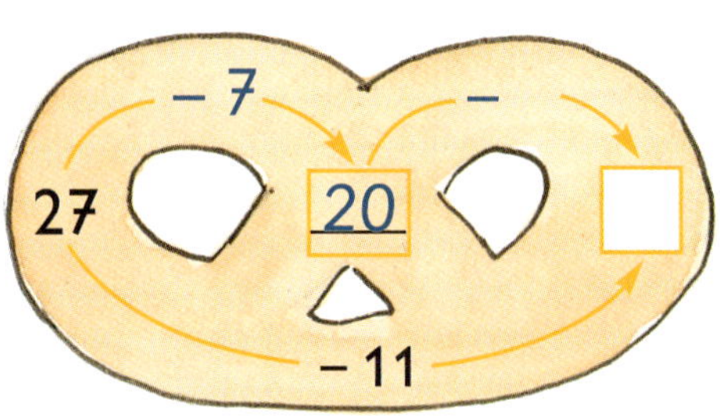

25 − 16 = ___

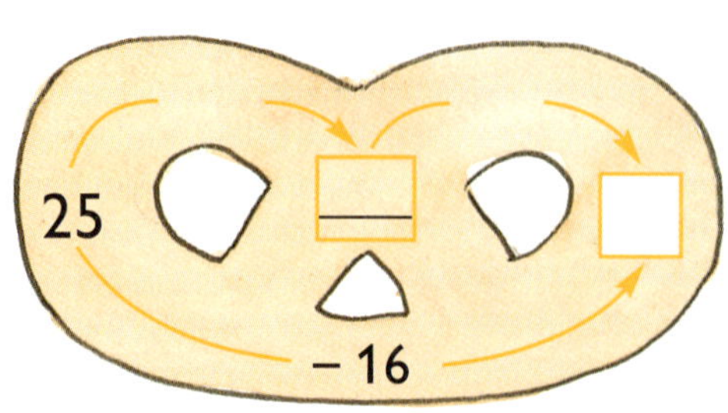

3 Steffi verkauft viele Kekse. Welche Zahlen musst du abziehen, damit das Ergebnis in der Mitte stimmt? Trage die fehlenden Zahlen auf den Keksen ein.

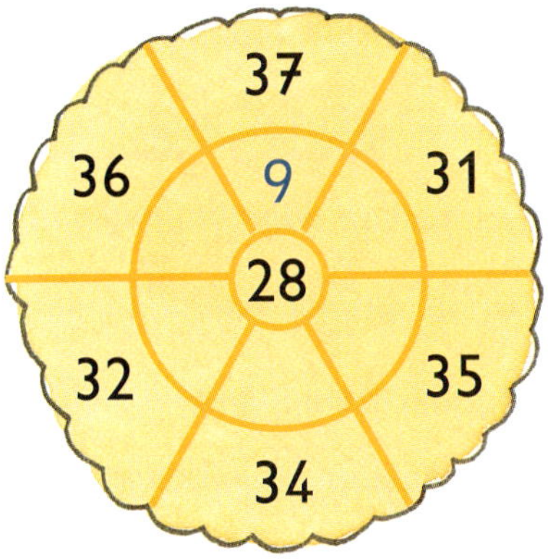

4 Rechne und setze < oder > zwischen die Taschen. In welcher Tasche ist am meisten? Kreise sie ein.

36 – 17 ____ [redacted] ☐ [redacted] 56 – 24 ____ [redacted] ☐ [redacted] 23 – 18 ____ [redacted] ☐ [redacted] 44 – 26 ____ [redacted]

5 Karlo geht zum Bäcker, weil es dort so lecker duftet. Finde heraus, welche Leckerei er sich kauft.

☐  89 – 27 → 62 – 13 → ____ – 11 → ____ [redacted]

☐  96 – 36 → ____ – 15 → ____ – 26 → ____ [redacted]

☐ 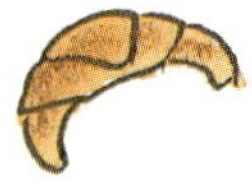 74 – 38 → ____ – 17 → ____ – 6 → ____ [redacted]

Einmaleins mit 2 und 4

1 Laura und ihre Mutter sind auf dem Markt. Mutter kauft jede Woche 1 Melone, 2 Gurken, 3 Paprika, 4 Tomaten und 5 Eier. Heute kommt Besuch, deshalb kauft sie das Doppelte. Ergänze den Einkaufszettel.

	verdoppeln	Ergebnis
1 Melone	1 + 1	2 Melonen
2 Gurken	____	____ Gurken
3 Paprika	____	____ Paprika
4 Tomaten	____	____ Tomaten
5 Eier	____	____ Eier

2 Laura und ihre Mutter kaufen auch doppelt so viele Orangen wie sonst. Rechne die Aufgaben.

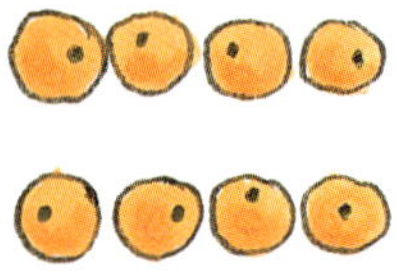

4 + 4 = 8
2 · 4 = 8

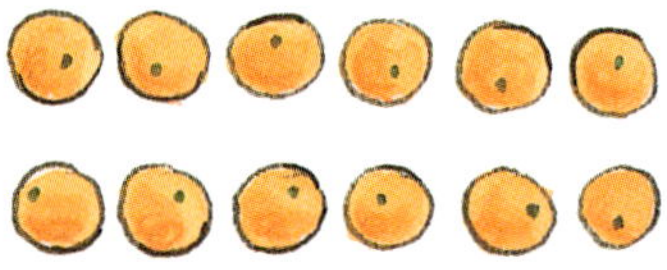

6 + 6 = ____
2 · 6 = ____

2 + 2 = ____
2 · 2 = ____

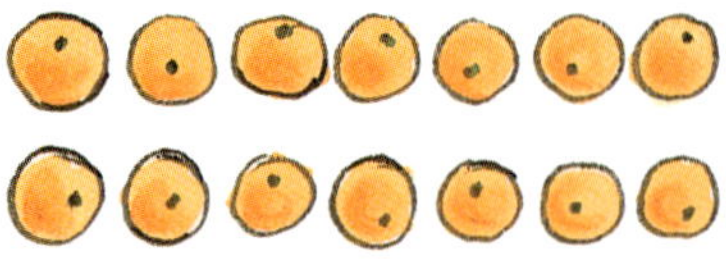

7 + 7 = ____
2 · 7 = ____

Regel Zu jeder Plus-Aufgabe gehört eine Mal-Aufgabe.
Beispiel: 2 + 2 + 2 + 2 = 8
oder 4 · 2 = 8

3 Trage jeweils das fehlende Ergebnis in die Gemüsekisten ein.

4 Letzte Woche hat Karlo 6 Äpfel eingekauft.
Heute kauft er das Doppelte.
Rechne aus, wie viele Äpfel es sind.

Frage: ____________________

Rechnung: ____________________

Antwort: ____________________

5 Trage auch hier die Ergebnisse ein.

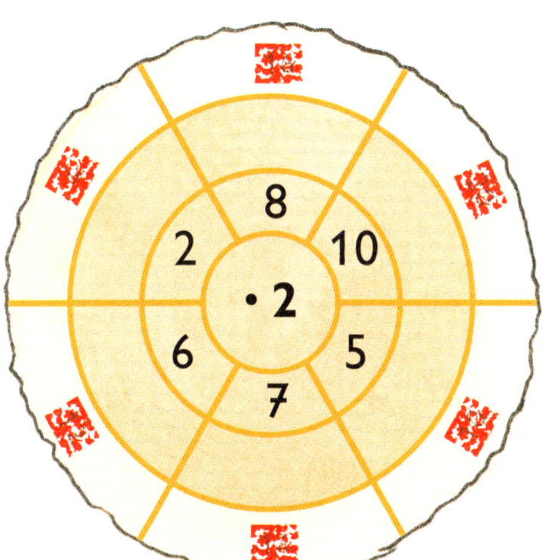

Einmaleins mit 5 und 10

1 a) Im Zoo werden die Seehunde gefüttert.
Jeder Seehund bekommt 10 Fische.
Umkreise immer 10. Reichen die Fische?

b) In jedem Eimer sind 10 Fische. Wie viele Fische werden jeweils an die Tiere verfüttert?

$5 \cdot 10$ = 50 Fische

_______ = ____ Fische

_______ = ____ Fische

2 Im alten Aquarium schwimmen 5 Fische.
Im neuen haben doppelt so viele Platz.
Rechne aus, wie viele Fische das sind.

Frage: ______________________________

Rechnung: ______________________________

Antwort: ______________________________

3 Immer zwei Schildkröten gehören zusammen. Rechne im Kopf und verbinde.

4 Die Kängurus springen in 10er-Schritten durch ihr Gehege. Ergänze richtig.

10 ___ 30 ___

50 ___ ___ ___

5 Die Affen werden mit Bananen gefüttert. Welche Bananen gehören nicht in den Eimer? Streiche sie durch.

Einmaleins mit 3, 6 und 9

1 Philipp spielt mit seinen Freunden im Garten. Kreise ein: Zahlen der 3er-Reihe mit Rot, Zahlen der 6er-Reihe mit Blau und Zahlen der 9er-Reihe mit Grün. Was fällt dir auf?

Tipp In der 3er-Reihe, 6er-Reihe und 9er-Reihe des kleinen Einmaleins findest du oft die gleichen Zahlen.

3	6	9	12	15	18	21	24	27	30
–	6	–	12	–	18	–	24	–	30
–	–	9	–	–	18	–	–	27	–

2 Konfetti sammelt nur die Bälle mit einem Ergebnis über 40 auf. Welche sind das? Male sie an.

3 Die Kinder lassen Murmeln in ein Loch kullern.
Die Zahlen aus der 6er-Reihe zeigen dir den Weg.
Fahre die richtigen Verbindungslinien nach.

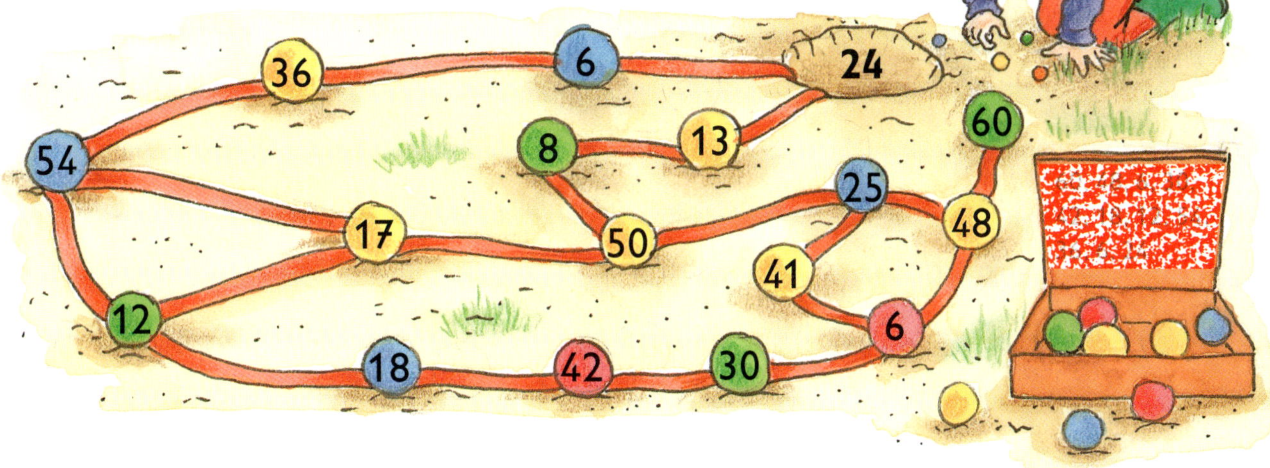

4 Die Kinder spielen mehrere Runden. Wer hat
am Ende die meisten Murmeln ins Loch getroffen?

	1. Runde	+	2. Runde	zusammen sind das	=
Philipp	4 • 3	+	6 • 3	12 + 18	30
Lars	2 • 3	+	5 • 3	______	___
Maria	5 • 6	+	4 • 6	______	___

5 Wie alt ist Philipps Schildkröte? Streiche
die Zahlen der 3er-, 6er- und 9er-Reihe durch.

30	12	40	9	36	23	60	18
72	73	6	9	91	90	42	16
2	29	21	19	45	82	54	25

[redacted]

Einmaleins mit 7 und 8

1 Karlo hat in genau 10 Wochen Geburtstag.
Er möchte wissen, wie viele Tage das noch sind.
Zeichne die 7er-Schritte in den Zahlenstrahl ein.

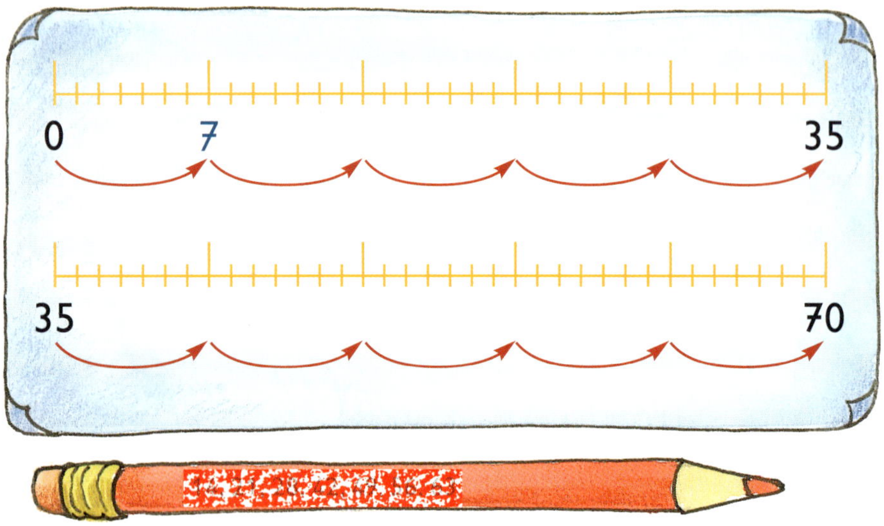

2 Konfetti ist 5 Jahre alt. Karlo wird 8-mal so alt.
Rechne aus, wie alt Karlo demnächst ist.

Frage: ______________________________

Rechnung: ______________________________

Antwort: ______________________________

3 Kannst du die Aufgaben auf den Schleifen ausrechnen? Schreibe die Ergebnisse jeweils auf das Geschenk.

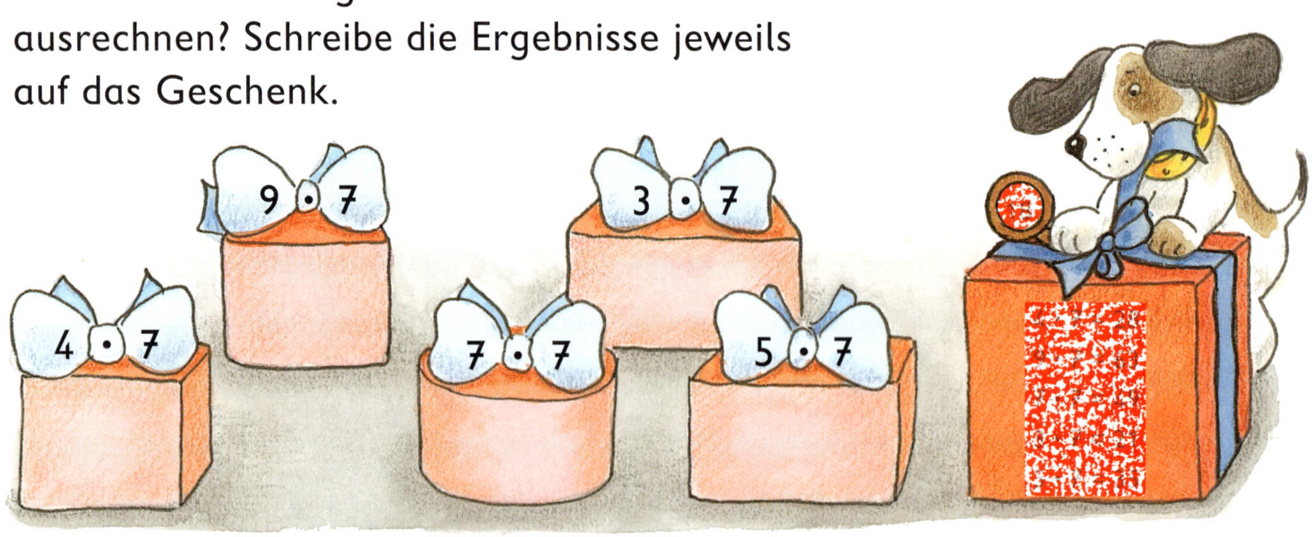

4 a) Rechne die Aufgaben der 8er-Reihe.

☐	2 • 8 = ____	☐	8 • 2 = ____
☐	4 • 8 = ____	☐	8 • 4 = ____
☐	7 • 8 = ____	☐	8 • 7 = ____
☐	9 • 8 = ____	☐	8 • 9 = ____

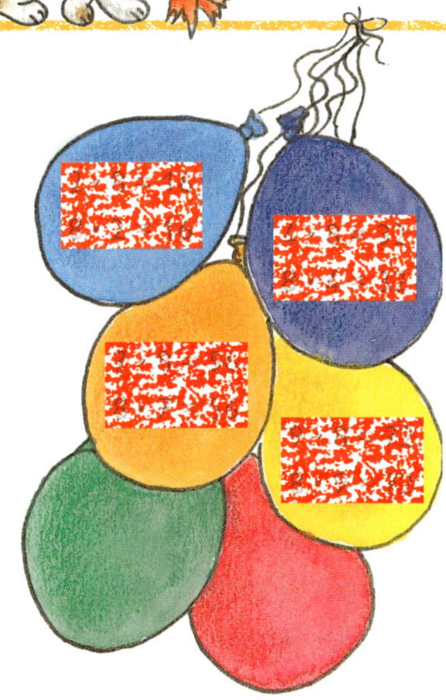

b) Vergleiche in jeder Zeile: Welche Aufgabe war leichter für dich zu rechnen? Kreuze an.

5 Male die Ergebnisse bunt an. Was entdeckst du?

r:  g:  gr:  b: 

b: 2 • 7 = ____
g: 7 • 8 = ____
b: 5 • 7 = ____
r: 2 • 8 = ____
gr: 9 • 7 = ____
b: 8 • 8 = ____
gr: 4 • 7 = ____
r: 5 • 8 = ____
r: 3 • 7 = ____
gr: 6 • 8 = ____
gr: 7 • 7 = ____
gr: 9 • 8 = ____

Halbieren und aufteilen

1 Ruth und Lars grillen Würstchen.
Zähle die Würstchen und verteile sie.
Jeder bekommt die Hälfte.

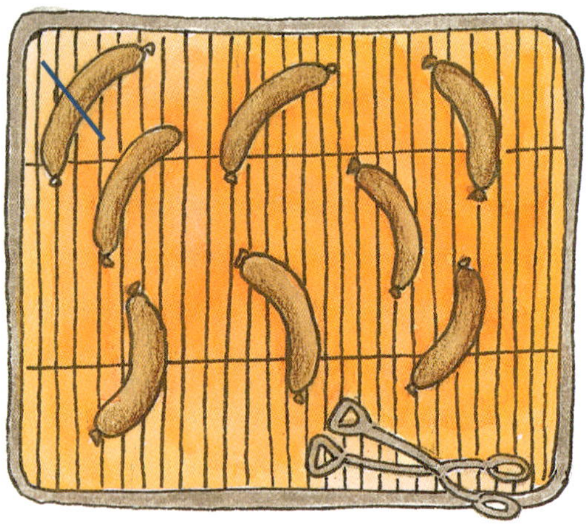

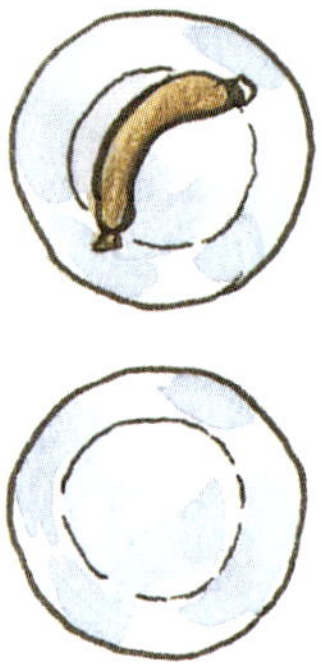

8 : 2 = ___

[redacted]

2 a) Die Kinder grillen auch andere leckere Sachen.
Jeder bekommt die Hälfte davon.
Umkreise Ruths Anteil mit Rot und Lars' Anteil mit Blau.

18 : 2 = ___ [redacted]

6 : 2 = ___ [redacted]

b) Fülle die Tabelle weiter aus.

gesamt	8	2	6	4	10	16	20	18	26	14
Ruth	4									
Lars	4									

[redacted]

3 Ruth macht mit ihren Freundinnen ein Picknick.
Die Mädchen teilen alles gerecht untereinander auf.
Wie viel bekommt jeder? Umkreise die Anzahl farbig.

9 : 3 = ____

____ : 3 = ____

____ : 3 = ____

____ : 3 = ____

Regel Halbieren heißt:
Teile die angegebene Menge durch 2.
Verteilen heißt: Teile die angegebene Menge
durch die Anzahl der Personen.

4 Karlo grillt mit 3 Freunden. Er legt 12 Äpfel in die Glut.
Rechne aus, wie viele Bratäpfel jeder bekommt.

Frage: ______________________________

Rechnung: ______________________________

Antwort: ______________________________

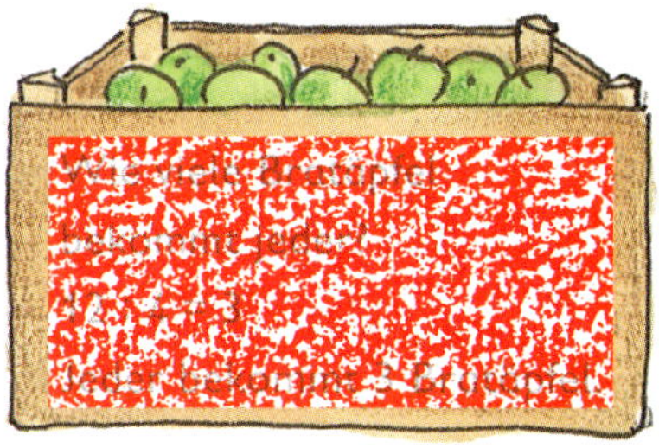

Umkehraufgaben

1 Jeden Donnerstag ist Basketball-Training.
Die Kinder teilen sich dabei in Gruppen auf.
Wie viele Gruppen gibt es, wenn sich immer
5 oder 8 Kinder in einer Gruppe zusammentun?

Tipp Zu jeder Geteilt-Aufgabe gibt es eine Umkehraufgabe. Wenn du sie bildest, kannst du dein Ergebnis überprüfen.

12 : 4 = 3, denn 3 • 4 = 12

12 —: 4→ 3
12 ←• 4— 3

2 Ergänze die fehlenden Ergebnisse.

a) 25 —: 5→ 5, 5 —• 5→ 25

b) 24 —: 4→ ___, ___ —• 4→ 24

c) 49 —: 7→ ___, ___ —• 7→ 49

d) 80 —: 10→ ___, ___ —• 10→ 80

3 Was findet Konfetti in der Turnhalle? Rechne aus.
Male nun die Felder mit den Lösungszahlen an.

10 : 2 = ____, denn ____ • 2 = 10

12 : 3 = ____, denn ____ • 3 = 12

36 : 4 = ____, denn ____ • 4 = 36

30 : 5 = ____, denn ____ • 5 = 30

48 : 6 = ____, denn ____ • 6 = 48

63 : 9 = ____, denn ____ • 9 = 63

4 Daniel sammelt nach dem Training die Bälle ein.
Welche zwei Bälle gehören jeweils zusammen?
Verbinde die passenden Aufgaben miteinander.

5 Schreibe • oder : auf die leeren Hütchen.

Division

1 Anne und Simon sind heute im Hallenbad.
An welcher Rutsche stellen sich mehr Kinder an?
Trage < oder > ein. Rechne zuerst die Teilaufgabe und überlege dann das Zeichen.

14 : 7 = 2	< 5	21 : 3 = ☐	___ 9
50 : 5 = ☐	___ 8	56 : 7 = ☐	___ 5
36 : 6 = ☐	___ 3	32 : 8 = ☐	___ 11
20 : 5 = ☐	___ 5	81 : 9 = ☐	___ 16
63 : 7 = ☐	___ 13	24 : 6 = ☐	___ 7

2 Simon und Anne tauchen nach 24 Ringen.
Jeder von ihnen holt die Hälfte aus dem Wasser.
Rechne aus, wie viele Ringe jeder holt.

Frage: ______________________________

Rechnung: ______________________________

Antwort: ______________________________

3 Auf Simons Badeschlange fehlen Zahlen. Trage sie ein.

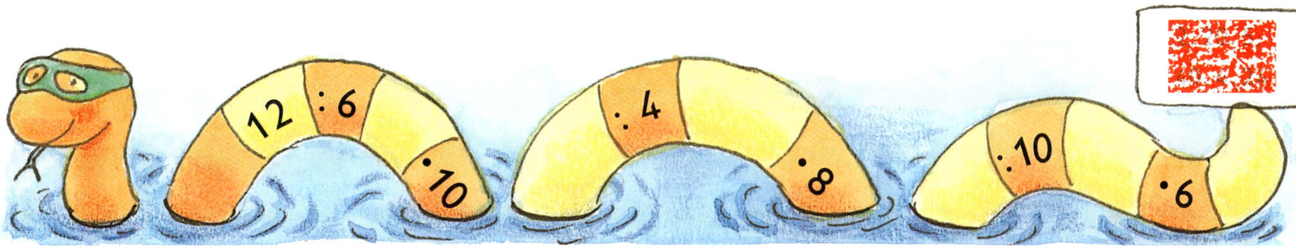

4 Der Weg nach Hause führt über die Häuser mit dem Ergebnis 6. Male sie rot an und zeichne den Weg ein.

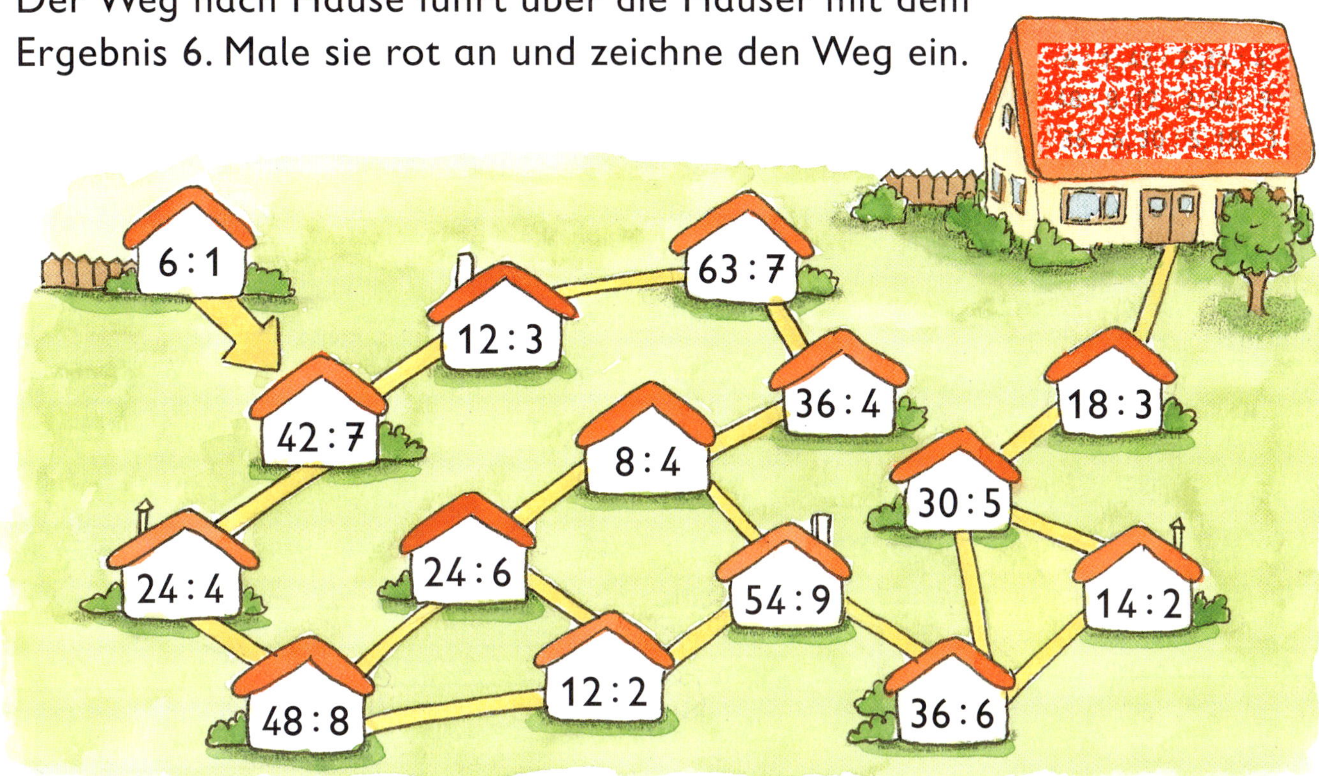

5 Trage die fehlenden Zahlen in die Schwimmreifen ein.

Wiederholung

1 Hilf Karlo bei der Einmaleins-Tabelle.
Trage die fehlenden Ergebnisse ein.

·	1	2	3	4	5	6	7	8	9	10
5		10								
2				8						
3					15					
4								32		

2 Auf den Rechenbäumen fehlen die Ergebnisse.
Trägst du sie ein?

3 Ergänze die Reihen.

a) 8 16 ___ ___ ___ ___

b) 6 ___ 18 ___ ___ ___

Tipp Wenn du eine Aufgabe nicht lösen kannst, schau noch einmal vorne nach.

4 Trage die fehlenden Zahlen ein.

8 · 9 = ___	8 · 8 = ___
8 · 10 = ___	8 · 7 = ___
3 · 8 = ___	6 · 8 = ___
5 · 8 = ___	4 · 8 = ___

5 In einem Bus sitzen 48 Personen.
An der nächsten Haltestelle steigen
8 Personen aus und 5 Personen ein.
Wie viele Personen befinden sich jetzt im Bus?

Frage: ______________________________

____

Rechnung: ______________________________

____

Antwort: ______________________________

6 In den Häusern fehlen Zahlen. Trage sie ein.

75

50 + 13 + 12
40 + 15 + ___
60 + 8 + ___

63

10 + 50 + ___
15 + 30 + ___
30 + 10 + ___

86

70 + 9 + ___
___ + 50 + 22
___ + 10 + 60

Knack den Code

Auf jeder Doppelseite (Seite 68 – 95) findest du eine kleine braune Lupe. Darin steht jeweils eine Zahl.

- Schreibe die Zahlen nacheinander auf die Linien.
- Ersetze sie dann durch die Buchstaben, die auf dem Zettel versteckt sind: zum Beispiel 15 durch den Buchstaben R.
- Trage jeweils den passenden Buchstaben unter der Zahl ein. Wie heißt der Lösungssatz?

CODE

3 =   9 =
18 =   1 =
20 =   15 =
13 =   4 =
5 =   16 =

___ ___ ___ ___   ___ ___ 18 ,

___ ___ ___ ___ ___ ___   ___ ___ !

Code geknackt:

Fingerabdruck

Datum ____________________

Mein Detektivname ____________________

Unterschrift ____________________

Das kleine Einmaleins

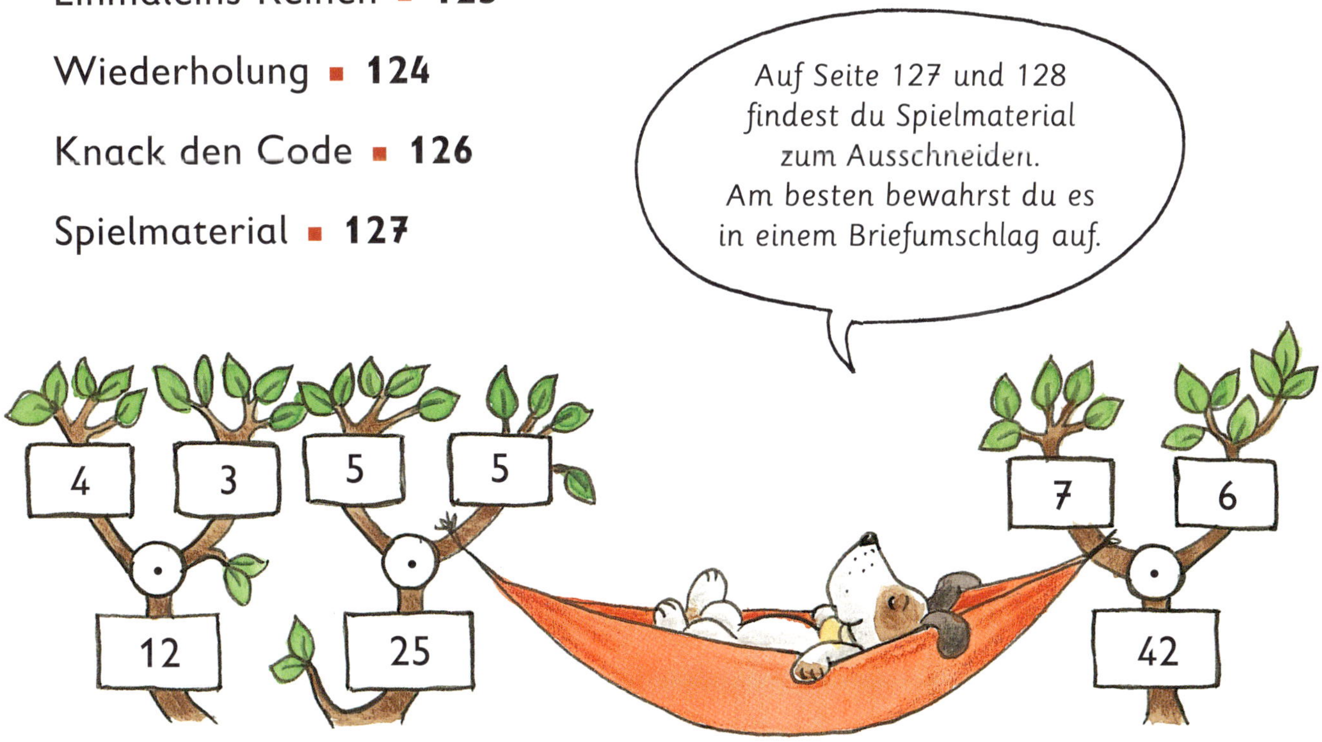

Einmaleins mit 2

1 Susi hilft ihrer Mutter beim Aufhängen der Wäsche. Schau das Bild an. Wie viele Paar Strümpfe haben die beiden aufgehängt? Wie viele Strümpfe sind es?

Regel Zu jeder Plus-Aufgabe gehört eine Mal-Aufgabe.

Beispiel: $2 + 2 + 2 + 2 = 8$

oder $4 \cdot 2 = 8$

2 Wie viele Strümpfe sind es? Rechne aus.

a) 

$2 + 2 + 2 = 6$

$3 \cdot 2 = 6$

b) 

______

______

c) 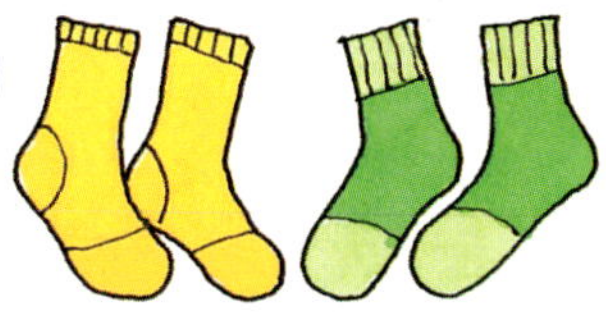

______

______

d) 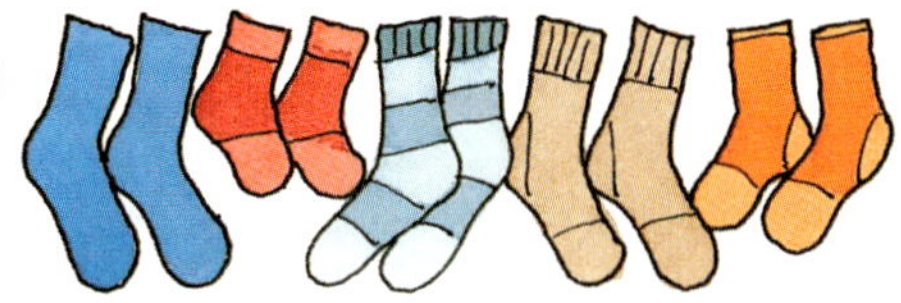

______

______

3 Wie viele Strümpfe von Susi, Vater und Mutter sind in der Wäsche? Rechne aus. Achte auf die Farben.

Susi: $3 \cdot 2 =$ ______

Vater: ______

Mutter: ______

4 Wie viele Wäscheklammern von jeder Farbe sind im Korb? Schreibe die passende Aufgabe und rechne.

$6 \cdot 2 =$ ______

______

______

______

5 Susi hängt 3 T-Shirts auf. Für jedes T-Shirt nimmt sie 2 Wäscheklammern. Wie viele Klammern braucht sie?

Rechnung: ______

Antwort: ______

6 Trägst du die Ergebnisse ein?

$8 \cdot 2 =$ ____ $9 \cdot 2 =$ ____ $10 \cdot 2 =$ ____

$4 \cdot 2 =$ ____ $7 \cdot 2 =$ ____ $6 \cdot 2 =$ ____

Einmaleins mit 4

1 In der Werkstatt werden heute viele Autoreifen gewechselt. Rechne aus, wie viele neue Reifen der Mechaniker für 4 Autos braucht.

Frage: ______________________________

Rechnung: ___________________________

Antwort: ____________________________

2 Löse die Aufgaben auf den Autoreifen.

3 Jens hat Reifen in eine Reihe gelegt. In jeden 4. Reifen wirft er einen Stein. In welchen Reifen landet jeweils ein Stein? Trage die fehlenden Pfeile und Zahlen ein.

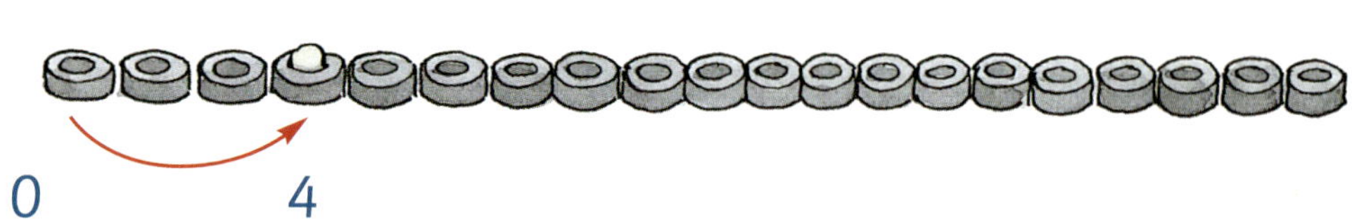

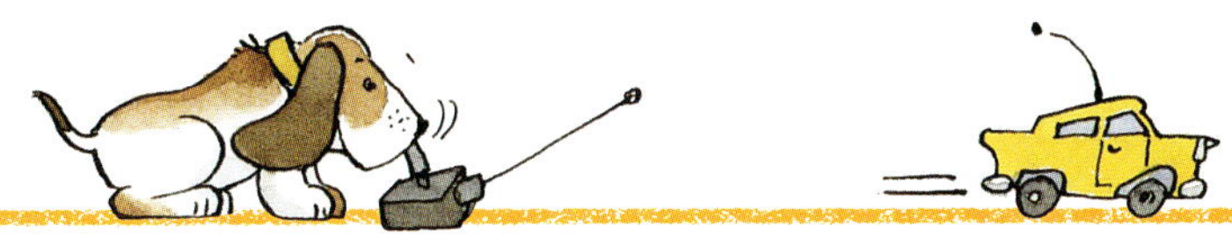

4 Letzte Woche musste der Mechaniker viele Reifen wechseln. Wie viele waren es täglich?

	Autos	Reifen
Montag	2	2 • 4 = 8
Dienstag	6	
Mittwoch	3	
Donnerstag	8	
Freitag	10	

5 Der Mechaniker verkauft an die Besitzer von 3 Autos je 4 Winterreifen. Rechne aus, wie viele er verkauft hat.

Frage: ______________________

____

Rechnung: ______________________

Antwort: ______________________

____

6 Ergänze die fehlenden Zahlen auf den Putzlappen.

Einmaleins mit 10

1 Auf dem Bauernhof werden frische Eier verpackt.
Immer 10 Stück passen in eine Schachtel.
Wie viele Eier haben die Hühner heute gelegt?

a) 

$6 \cdot 10 = 60$

b) 

____

c) 

____

d) 

____

2 Schau dir die Aufgaben und Ergebnisse genau an.
Was fällt dir auf?

Tipp Beim Malnehmen mit 10 musst du im Ergebnis einfach eine 0 anhängen.
Beispiel: $2 \cdot 10 = 20$

3 Welches Huhn hat welches Ei gelegt? Verbinde.

4 Karlo hat mit den Eierschachteln Türme gebaut.
Wie viele Eier sind es jeweils?

___ • 10 = ___   ___ • 10 = ___   ___ • 10 = ___

5 Konfetti jagt die Katzen mit einem Ergebnis
aus der 10er-Reihe. Welche sind das?
Rechne im Kopf und kreise die Katzen ein.

6 Der Bauer verlädt die Milchkannen.
Dabei sind Zahlen verloren gegangen. Ergänze sie.

Einmaleins mit 5

1 Auf der Sprossenleiter stehen Aufgaben.
Kannst du die passenden Ergebnisse dazuschreiben?
Was fällt dir bei den Ergebnissen auf?

Tipp Bei den Ergebnissen der 5er-Reihe ist die Einerstelle immer eine 5 oder eine 0, z. B. 15 oder 30.

2 Male alle Zahlen aus der 5er-Reihe braun an.
Dann erfährst du, was Konfetti in der Turnhalle findet. Löse anschließend Karlos Rätsel.

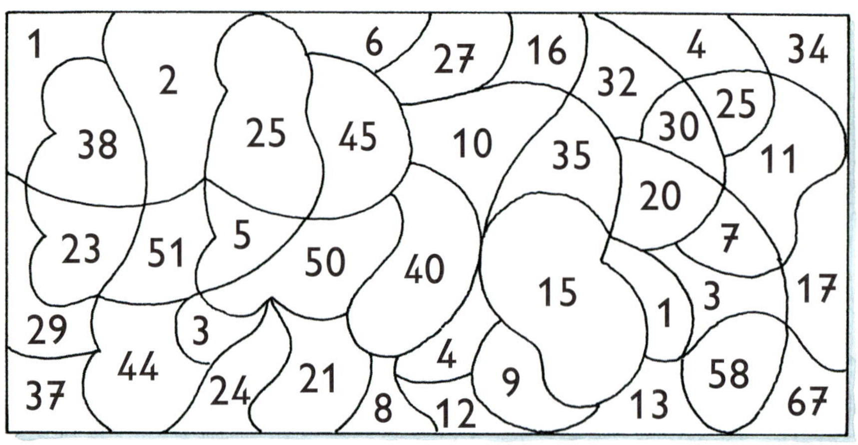

3 Mit ihrem Trainer üben die Kinder Elfmeterschießen.
Für jedes Tor gibt es 5 Punkte. Wer gewinnt?
Rechne aus und schreibe den Namen des Siegers auf.

Lisa: 2 Tore	2 · 5 Punkte = ____ Punkte	____ Platz
Moritz: 4 Tore	____ Punkte = ____ Punkte	____ Platz
Jan: 3 Tore	____ Punkte = ____ Punkte	____ Platz
Mira: 6 Tore	____ Punkte = ____ Punkte	____ Platz
Trainer: 5 Tore	____ Punkte = ____ Punkte	____ Platz

Sieger: ____________________

4 Willst du wissen, wie oft die Kinder über die Kästen springen?
Trage die jeweils richtige Zahl auf den Kästen ein.

Einmaleins mit 8

1 Im Kunstkurs malen die Kinder Steine bunt an. Hilfst du dabei? Rechne die Aufgaben auf den Steinen aus. Male die Steine in der richtigen Farbe aus.

Ergebnis kleiner als 25: Grün
Ergebnis zwischen 30 und 50: Rot
Ergebnis größer als 50: Blau

Tipp Manchmal werden Mal-Aufgaben leichter, wenn du die Zahlen umdrehst.

Beispiel: $4 \cdot 8 = 32$

$8 \cdot 4 = 32$

2 Lukas hat 2 Packungen Schokoküsse mitgebracht. In jeder Schachtel sind 8 Stück. Wie viele sind es?

Rechnung: ______________________________

Antwort: ______________________________

3 Maria und Ute legen mit den bunt bemalten Steinen Mal-Aufgaben. Kannst du die passenden Aufgaben aufschreiben?

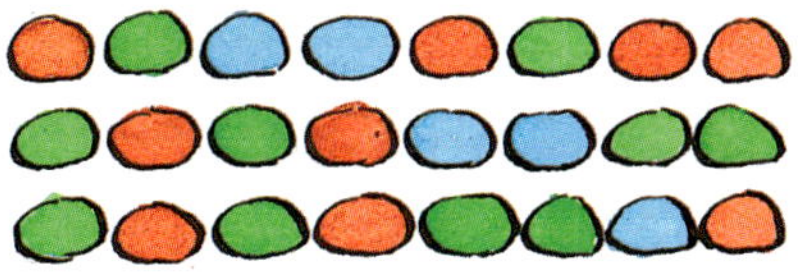

_______ [redacted]

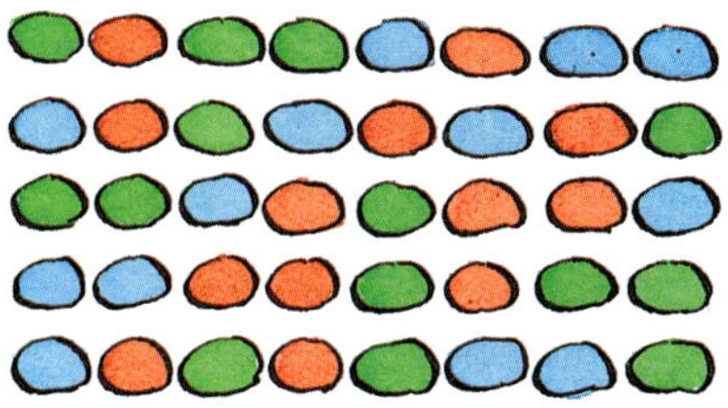

_______ [redacted]

_______ [redacted]

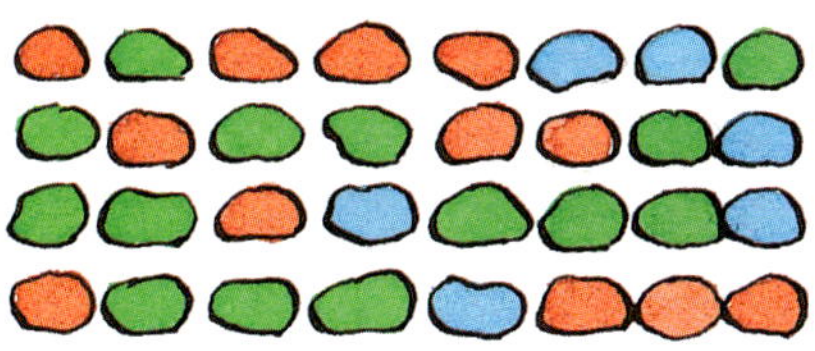

_______ [redacted]

4 Stefan verteilt 8 Malkästen. In jedem Farbkasten sind 6 Farbtöpfchen. Wie viele sind es insgesamt?

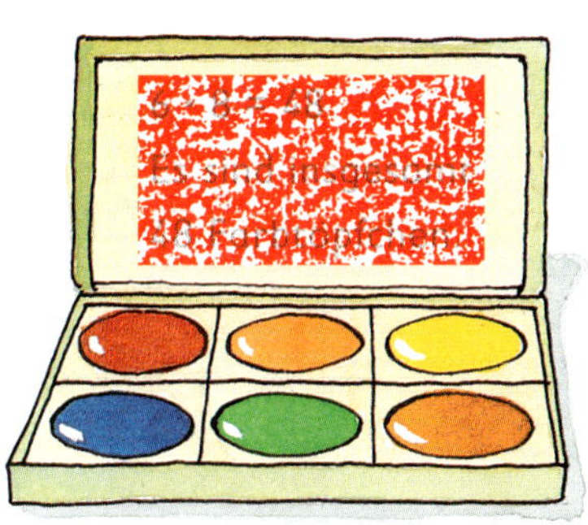

Rechnung: _______________________

Antwort: _______________________

5 Hilfst du Karlo, die fehlenden Zahlen einzutragen?

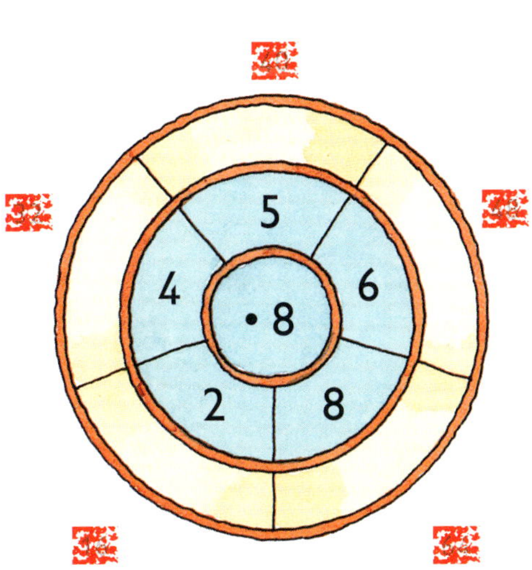

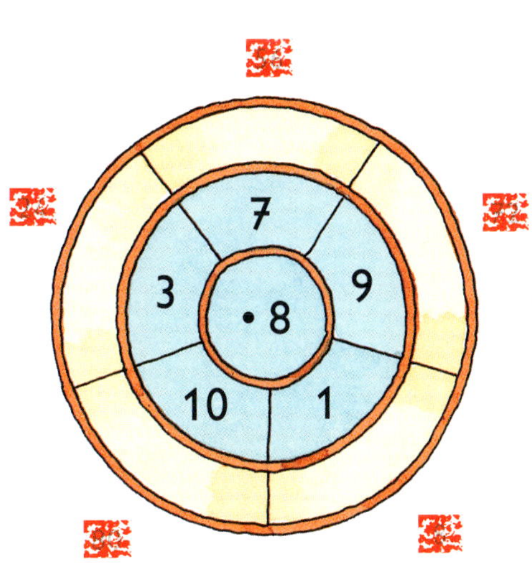

Einmaleins mit 3

1 Der Bäcker legt auf jedes Blech 3 Brote.
Im Ofen sind schon 7 Bleche.
Rechne aus, wie viele Brote im Ofen sind.

Frage: ______________________________

Rechnung: ______________________________

Antwort: ______________________________

2 Konfetti hat sich hinter der Mehlpackung mit dem höchsten Ergebnis versteckt. Welche ist es? Male sie rot an.

$5 \cdot 3 = \_\_\_$

$9 \cdot 3 = \_\_\_$

$3 \cdot 3 = \_\_\_$

$4 \cdot 3 = \_\_\_$

$10 \cdot 3 = \_\_\_$

$8 \cdot 3 = \_\_\_$

3 Konfetti schleicht sich zu den Torten. Mit Sahne ist das Alter auf die Geburtstagstorten geschrieben. Rechne aus. Schreibe die Lösungen auf die Torten.

$6 \cdot 3 =$ ___

$8 \cdot 3 =$ ___

$5 \cdot 3 =$ ___

4 An den Backöfen spielen die Uhren verrückt. Rechne aus, wie viele Minuten die Backwaren jeweils brauchen.

$7 \cdot 3 =$ ___ $2 \cdot 3 =$ ___ $9 \cdot 3 =$ ___

5 Der Bäcker legt die fertigen Brezeln zum Auskühlen auf den Tisch. Er zählt in 3er-Schritten, wie viele es sind:

+3 +3 +3 +3 +3 +3

3	6	___	___	___	___
$1 \cdot 3$	$2 \cdot 3$	$3 \cdot 3$	$4 \cdot 3$	$5 \cdot 3$	$6 \cdot 3$

+3 +3 +3

___	___	___	___
$7 \cdot 3$	$8 \cdot 3$	$9 \cdot 3$	$10 \cdot 3$

6 Bist du ein Profi? Wie lange brauchst du zum Rechnen der Aufgaben? Stoppe die Zeit.

___ $\cdot 3 = 27$

___ $\cdot 3 = 15$

$7 \cdot 3 =$ ___

___ $\cdot 3 = 9$

$8 \cdot 3 =$ ___

$9 \cdot 3 =$ ___

$6 \cdot 3 =$ ___

___ $\cdot 3 = 24$

Nachbaraufgaben

1 Timo und Anja spielen ein Würfelspiel.
Anja würfelt mit 6 Würfeln und hat
nur 5er. Lies, was Anja sagt.
Wie kommt sie so schnell zu ihrem Ergebnis?

Tipp Bei schwierigen Einmaleins-Reihen ist es oft leichter, mit der nächst kleineren Einmaleins-Reihe zu rechnen und die Zahlen dann zu addieren.

Beispiel:

$6 \cdot 5 = ?$

$5 \cdot 5 = 25$

$+\ 1 \cdot 5 = 5$

$6 \cdot 5 = 30$

2 Rechne die Aufgaben im Bild aus.
Schau dir dazu noch mal den Tipp oben an.

3 Timo hat noch ein paarmal gewürfelt und versucht, Nachbaraufgaben zu finden. Hilfst du ihm?

1 · 3 = 3	2 · 3 = 6	3 · 3 = 9
	7 · 4 = 28	
	9 · 5 = 45	
	6 · 2 = 12	
	8 · 4 = 32	

Tipp Manchmal hilft dir auch die nächst größere Nachbaraufgabe.

Beispiel:

9 · 5 = ?

10 · 5 = 50
− 1 · 5 = 5
9 · 5 = 45

4 Trage die fehlenden Zahlen und Rechenzeichen ein.

9 · 8 = ___	9 · 4 = ___
___ · 8 = ___	___ · 4 =
___ · 8 = ___	___ · 4 = ___
9 · 8 = ___	9 · 4 = ___

5 Rechne aus. Suche jeweils die Nachbaraufgabe und male das Kästchen in der passenden Farbe aus.

9 · 7 = ___	4 · 8 = ___	6 · 5 = ___	9 · 6 = ___
5 · 5 = ___	10 · 6 = ___	10 · 7 = ___	5 · 8 = ___

Einmaleins mit 6

1 Detektiv Karlo bekommt Besuch. Er deckt den Tisch mit je 6 Tellern, Bechern, Löffeln, Messern und Eierbechern. Wie viele Dinge sind auf dem Tisch? Es gibt 2 Lösungswege. Rechne beide.

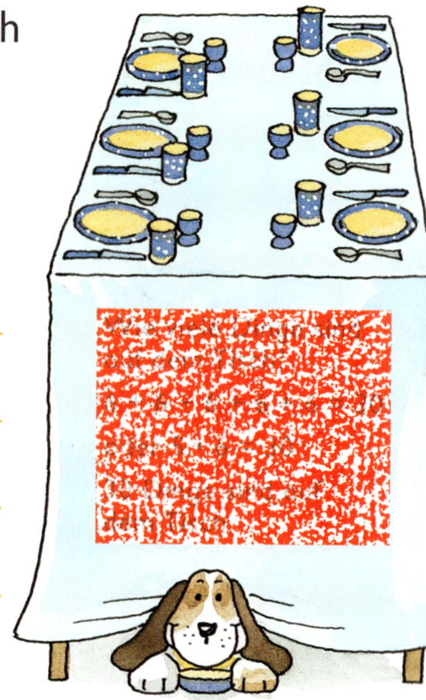

Frage: ____________________

Rechnung: ____________________

____

Antwort: ____________________

2 Karlo sucht seine Lieblingstasse. Darauf steht ein Ergebnis, in dem die Zahl 5 vorkommt. Welche Tasse ist es? Kreise sie ein.

3 Konfetti hat die Zuckerdose umgeworfen. Wie viele Stücke Würfelzucker entdeckst du? Kreise immer 6 Stück ein und rechne dann im Kopf.

4 Karlos Nichte möchte zum Frühstück etwas ganz Besonderes. Rechne aus und male die Felder mit den eingetragenen Zahlen an.

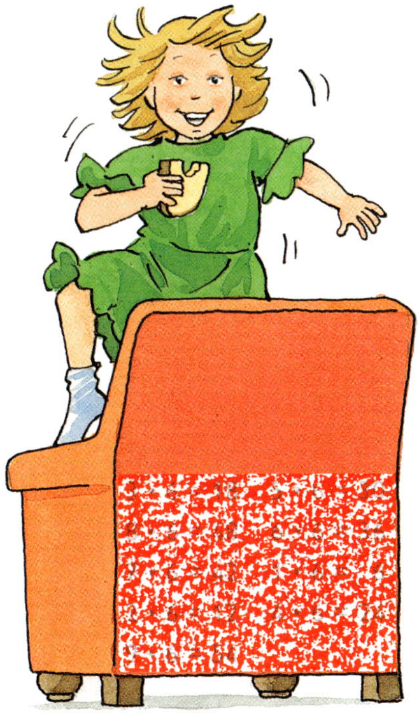

3 • 6 = ____   5 • ____ = 30   ____ • 6 = 48

____ • 6 = 36   7 • 6 = ____   1 • ____ = 6

2 • 6 = ____   ____ • 6 = 24   ____ • 6 = 54

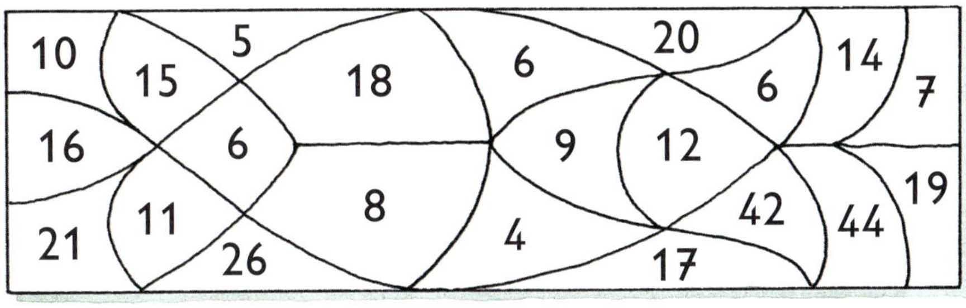

5 Wie viele Scheiben Tomaten schneidet Karlo?
Rechne aus und male die entsprechende Anzahl auf.

2 • 6 = ____

4 • 6 = ____

3 • 6 = ____

6 Trage die fehlenden Zahlen ein.

Einmaleins für Profis: 7er-Reihe

1 Matthias hat heute Geburtstag. Seine Mutter hat einen Kuchen für ihn gebacken. Die Oma überrascht Matthias mit einer zweiten Torte. Wie viele Kerzen sind insgesamt auf den Torten? Zähle zuerst. Schreibe die beiden Rechenwege auf.

Rechnung: ______________________________

Antwort: ______________________________

2 Matthias zählt schon seit Wochen die Tage bis zu seinem Geburtstag. Rechne aus. Detektiv Karlo gibt dir dazu einen *Tipp*.

7 Wochen = 7 · 7 Tage = 49 Tage

6 Wochen = ___ · ___ Tage = ___ Tage

5 Wochen = ___ · ___ Tage = ___ Tage

4 Wochen = ___ · ___ Tage = ___ Tage

3 Wochen = ___ · ___ Tage = ___ Tage

2 Wochen = ___ · ___ Tage = ___ Tage

1 Woche = ___ · ___ Tage = ___ Tage

3 Mit was will Konfetti dem Geburtstagskind eine Freude machen? Verbinde die Ergebniszahlen der Reihe nach und du siehst es.

2 • 7 = ____

4 • 7 = ____

1 • 7 = ____

3 • 7 = ____

5 • 7 = ____

6 • 7 = ____

4 Verbinde jeden Luftballon mit dem richtigen Ergebnis.

35	7	28	14	21

5 Findest du die passende Mal-Aufgabe zu der Zahl? Schreibe sie auf. Vorsicht: Jetzt sind auch große Zahlen dabei. Karlo hilft dir mit der 7er-Reihe.

63 = 9 • 7

42 = ____ • ____

14 = ____ • ____

35 = ____ • ____

21 = ____ • ____

28 = ____ • ____

56 = ____ • ____

70 = ____ • ____

Einmaleins für Profis: 9er-Reihe

1 Die Kinder sammeln Kastanien im Wald.
Wer schafft es, in 10 Minuten mindestens 40 Kastanien zu sammeln? Umkreise den Sieger.

2 Die Kinder möchten nun Indianerschmuck herstellen.
Ein Kopfschmuck besteht aus 9 Federn.
Karlo zählt die 9er-Reihe und überlegt:
Wie viele Federn brauchen die 5 Kinder zusammen?

Frage: ______________________________

Rechnung: ______________________________

Antwort: ______________________________

[redacted]

3 Petra hat nur 36 Federn zu Hause. Für wie viele Kinder kann sie damit Indianerschmuck basteln?

Rechnung: ______________________________

Sie kann für ____ Kinder Indianerschmuck basteln.

4 Konfetti jagt Blättern mit Zahlen aus der 9er-Reihe nach. Welche sind das? Umkreise sie.

5 Karlo hat seine Lupe versteckt. Findest du sie? Die Aufgaben mit einem Ergebnis unter 65 bringen dich zum Versteck. Welcher Weg ist richtig?

6 Konfetti hat Karlo etwas vom Blätterjagen mitgebracht. Was? Suche zu den Lösungszahlen den passenden Buchstaben und du weißt es.

a) 5 • 9 = ____

b) 2 • ____ = 18

c) 3 • 9 = ____

d) ____ • 9 = 54

e) 9 • 9 = ____

f) ____ • 9 = 27

Lösungswort: a b c d e f

Rechenübungen

1 Konfetti ist mit seinen Freunden auf dem Hundeplatz. Sie spielen mit vielen Zahlenbällen. Kreise ein:
Zahlen der 3er-Reihe grün, Zahlen der 6er-Reihe blau,
Zahlen der 5er-Reihe rot.

Zahlen mit 2 Kreisen: ______________________

Zahlen mit 3 Kreisen: ______________________

2 Die Futterdosen verdecken immer einen Teil der Aufgaben.
Weißt du, welche Zahlen fehlen?

$7 \cdot 4 = \square$

$5 \cdot \square = 35$

$\square \cdot 3 = 27$

$8 \cdot 6 = \square$

$\square \cdot 2 = 18$

$4 \cdot \square = 32$

3 Schneide die Materialien auf Seite 127 aus.

a) **Formen-Spiel:**
Lege die Formen mit der grünen Seite nach oben. Rechne aus und lege die Form mit dem richtigen Ergebnis an. Was siehst du?

b) **Domino-Spiel:**
Beginne mit dem Startstein.
Lege jeweils den passenden Dominostein an.
Kein Stein darf übrig bleiben.

4 Rechne die Aufgaben im Kopf.

6 · 5

4 · 8

9 · 2

7 · 3

5 · 5

3 · 4

5 Ergänze die Zahlen in der Einmaleins-Tabelle.

•	2	5	6	1	3	8	4	10
3								
		25						
2								
7			42			56		70
		20						40
1								
				6				
10								
8								

Umkehraufgaben

1 Die Jungen treffen sich zum Fußballspielen. Insgesamt fallen 18 Tore. Jeder der 3 Jungen hat gleich viele Tore geschossen. Rechne aus, wie viele Tore jeder Junge schießt.

Frage: ______________________________

Rechnung: ______________________________

Antwort: ______________________________

Tipp Zu jeder Geteilt-Aufgabe gibt es eine Umkehraufgabe. Wenn du sie bildest, kannst du dein Ergebnis überprüfen.

12 : 4 = 3, denn 3 · 4 = 12

12 → : 4 → 3

3 → · 4 → 12

2 Zu jedem Kind gehört ein Ball mit der entsprechenden Umkehraufgabe. Verbinde.

3 Lege die Formen von Seite 127 mit der gelben Seite nach oben. Rechne aus und lege die Form mit dem richtigen Ergebnis an. Stecke die Formen in einen Briefumschlag und benutze sie immer wieder.

4 Was macht Detektiv Karlo gern mit Freunden?
Suche zu den Lösungszahlen die entsprechenden Buchstaben und trage sie in die Kästchen ein.

1. 8 · 2 = 16
16 : 2 = ____

2. ____ · 5 = 45
45 : 5 = ____

3. ____ · 9 = 36
36 : 9 = ____

4. ____ · 7 = 21
21 : 7 = ____

5. ____ · 6 = 30
30 : 6 = ____

6. ____ · 4 = 28
28 : 4 = ____

Lösungswort: K [1] ____ [2] ____ [3] ____ [4] ____ [5] ____ [6]

5 Auf jedem Kegel stehen 3 Zahlen.
Schreibe immer 4 Aufgaben zu jedem Kegel.

9 · 2 = 18
18 : 9 = 2
2 · 9 = 18
18 : 2 = 9

____
____
____
____

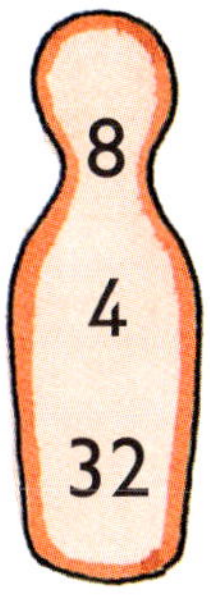

____
____
____
____

____
____
____
____

Einmaleins-Spiele

Die Übersicht der Einmaleins-Reihen auf der rechten Seite ist noch nicht vollständig. Trage die Ergebnisse ein und kontrolliere sie.

Einmaleins im Kopf (1 Spieler)

1. Mache die Augen zu und zeige mit deinem Finger auf eine Aufgabe der Liste.
2. Sage die passende Einmaleins-Reihe auf.

Linealspiel (1 Spieler)

1. Lege ein Lineal auf die Ergebnisse einer Einmaleins-Reihe.
2. Nenne nun die Lösungen der Aufgaben.
3. Kontrolliere jede deiner Antworten.
   Wie lange brauchst du für eine Reihe?

Ergebnisspiel (2 Spieler)

1. Dein Mitspieler nennt dir eine Ergebniszahl.
2. Schreibe eine mögliche Aufgabe auf, die dazugehört.
3. Kontrolliere mit der Liste.

Zeitspiel (2 Spieler, Material: Uhr)

1. Aus jeder Einmaleins-Reihe nennt dir ein Mitspieler eine Aufgabe.
2. Er stoppt die Zeit, die du zum Rechnen brauchst.
3. Nun tauscht ihr die Rollen. Wer war schneller?

Würfelspiel (1 oder 2 Spieler)

1. Würfle mit 2 Würfeln.
2. Multipliziere die Augenzahlen.
   Zu zweit: Wer weiß das richtige Ergebnis zuerst?

Einmaleins-Reihen

2 · 2 = ___	2 · 3 = ___	9 · 4 = ___	3 · 5 = ___
10 · 2 = ___	7 · 3 = ___	7 · 4 = ___	1 · 5 = ___
4 · 2 = ___	3 · 3 = ___	5 · 4 = ___	8 · 5 = ___
7 · 2 = ___	9 · 3 = ___	2 · 4 = ___	4 · 5 = ___
5 · 2 = ___	4 · 3 = ___	3 · 4 = ___	5 · 5 = ___
6 · 2 = ___	1 · 3 = ___	1 · 4 = ___	10 · 5 = ___
3 · 2 = ___	5 · 3 = ___	4 · 4 = ___	6 · 5 = ___
8 · 2 = ___	10 · 3 = ___	6 · 4 = ___	2 · 5 = ___
1 · 2 = ___	6 · 3 = ___	10 · 4 = ___	7 · 5 = ___
9 · 2 = ___	8 · 3 = ___	8 · 4 = ___	9 · 5 = ___

2 · 6 = ___	10 · 8 = ___	1 · 10 = ___
7 · 6 = ___	8 · 8 = ___	7 · 10 = ___
3 · 6 = ___	3 · 8 = ___	2 · 10 = ___
9 · 6 = ___	5 · 8 = ___	6 · 10 = ___
5 · 6 = ___	4 · 8 = ___	4 · 10 = ___
4 · 6 = ___	6 · 8 = ___	10 · 10 = ___
6 · 6 = ___	2 · 8 = ___	5 · 10 = ___
8 · 6 = ___	7 · 8 = ___	8 · 10 = ___
1 · 6 = ___	9 · 8 = ___	3 · 10 = ___
10 · 6 = ___	1 · 8 = ___	9 · 10 = ___

Wiederholung

1 Male die Äpfel der 6er-Reihe rot, die der 8er-Reihe grün an. Im welchem Korb sind mehr Äpfel?

Tipp Wenn du eine Aufgabe nicht lösen kannst, schau noch einmal vorne nach.

2 Rechne aus und male die Ergebnisfelder mit den entsprechenden Farben an.
Was siehst du?

 größer als 46

 kleiner als 46

8 • 7 = ____
9 • 8 = ____
7 • 7 = ____
5 • 9 = ____
6 • 8 = ____
7 • 9 = ____
6 • 7 = ____
8 • 8 = ____
6 • 9 = ____

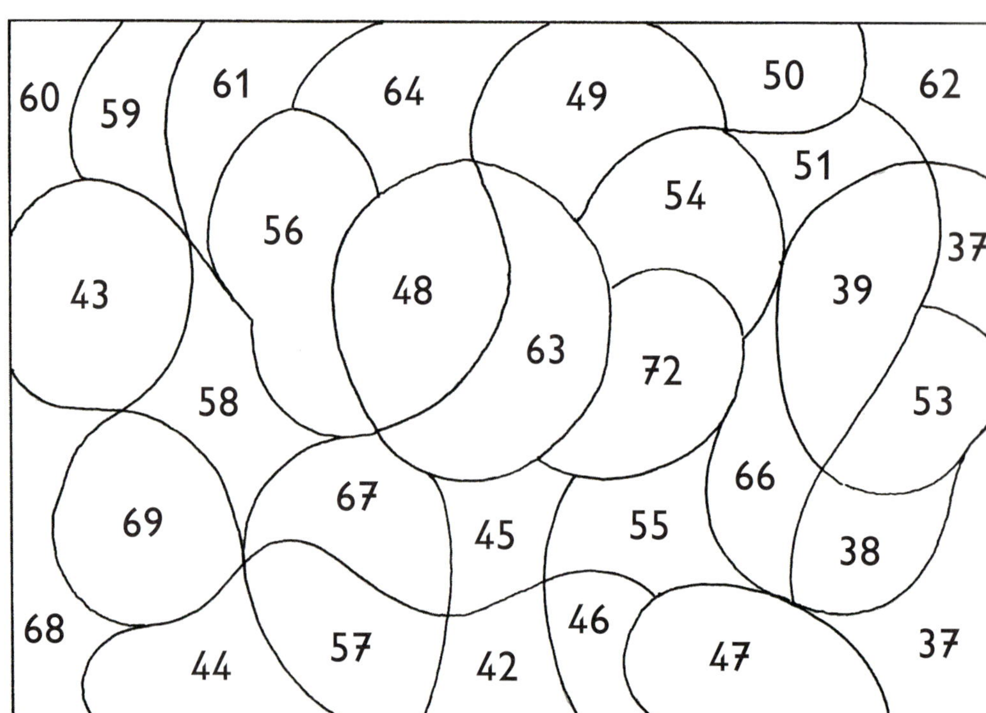

3 Löse das Zahlenrätsel.

a) Welche Zahlen der 8er-Reihe sind kleiner als 41?
Trage ein:

b) Welche Zahlen aus der 7er-Reihe sind kleiner als 59?
Schreibe sie auf die Schlange.

4 Trage die fehlenden Zahlen der Einmaleins-Reihen ein.

36 42 ____

27 ____ 45

21 24 ____

____ 49 56

____ 32 36

12 ____ 24

5 Ergänze die fehlenden Zahlen in den Blumen.

Knack den Code

Auf jeder Doppelseite (98 – 125) findest du eine kleine braune Lupe. Darin steht jeweils eine Zahl.

- Schreibe die Zahlen nacheinander auf die Linien.
- Ersetze sie dann durch die Buchstaben, die auf dem Zettel versteckt sind: zum Beispiel 3 durch den Buchstaben A.
- Trage jeweils den passenden Buchstaben unter der Zahl ein. Wie heißt der Lösungssatz?

CODE

11 =	3 =
7 =	18 =
20 =	6 =
2 =	10 =
19 =	14 =
9 =	

___ 3 ___   ___ ___ ___

11 ___ ___ ___ ___ ___ ___ ___ ___ 11 ___ !

Code geknackt:

Fingerabdruck

____
Datum

____
Mein Detektivname

____
Unterschrift

Spielmaterial

Die grünen Formen und das Domino-Spiel brauchst du für Seite 119.

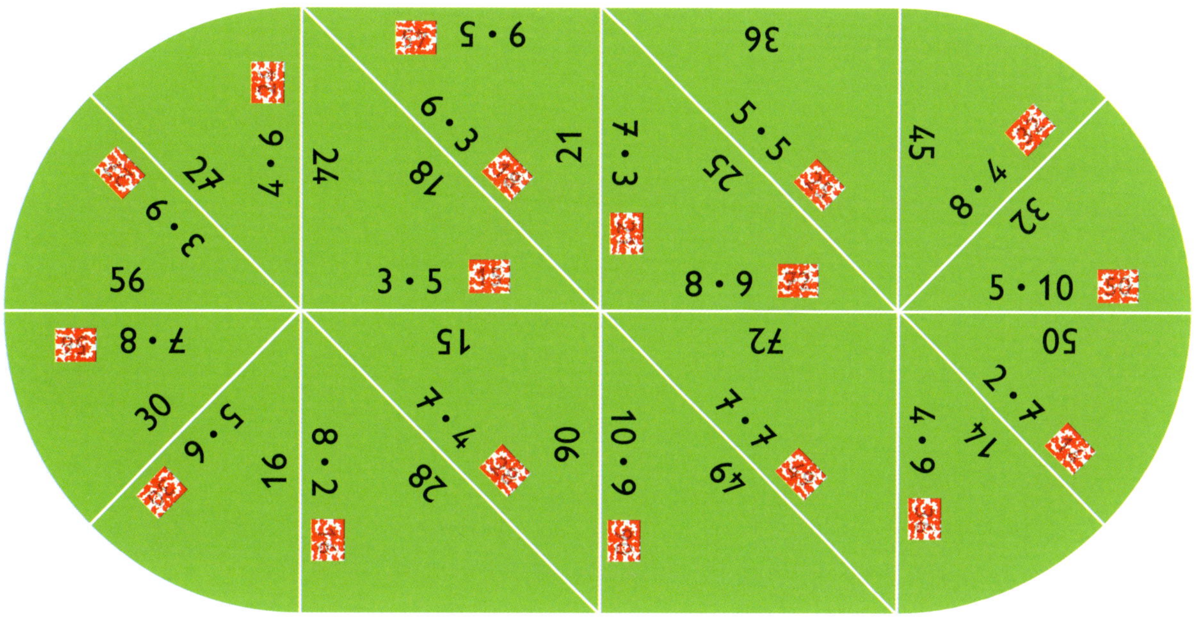

Start	3 • 7	21	36	9 • 4	7 • 5
35	9 • 8	72	49	7 • 7	5 • 3
15	6 • 7	42	27	3 • 9	4 • 10
40	9 • 7	63	9 • 5	45	4 • 4
16	81	9 • 9	8 • 8	64	6 • 5
30	4 • 7	28	48	8 • 6	1 • 10
10	100	10 • 10	3 • 8	24	Ende

Spielmaterial

Die gelben Formen brauchst du für Seite 120.

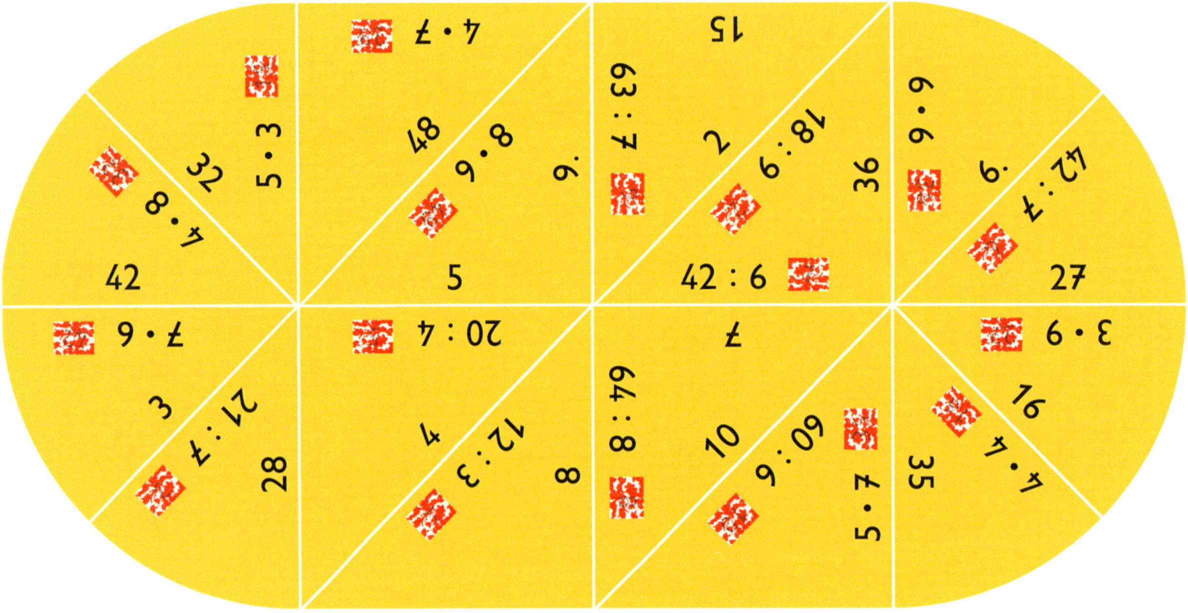